厨行天下系列丛书之

烹饪火候

厨行天下之三

单守庆 著

中国商业出版社

图书在版编目（CIP）数据

烹饪火候 / 单守庆著. -- 北京：中国商业出版社，2009.06（2025.01 重印）
（厨行天下系列丛书）
ISBN 978-7-5044-6507-8

Ⅰ.①烹… Ⅱ.①单… Ⅲ.①烹饪—基本知识 Ⅳ.① TS972.113

中国版本图书馆 CIP 数据核字 (2009) 第 080943 号

责任编辑：刘毕林

中国商业出版社出版发行
（www.zgsycb.com 100053 北京广安门内报国寺 1 号）
总编室：010-63180647 编辑室：010-63180647
发行部：010-83120835/8286
新华书店经销
三河市天润建兴印务有限公司印刷
*
710 毫米 ×1000 毫米 16 开 13.75 印张 180 千字
2009 年 6 月第 1 版 2025 年 1 月第 6 次印刷
定价：38.00 元
****
（如有印装质量问题可更换）

目录
CONTENTS

写在前面的话……………………………………1
1 | 烹饪的起点 ……………………………1
2 | 美味烤中来 ……………………………6
3 | 火候探源 ……………………………11
4 | 火候种种 ……………………………16
5 | 火候的构成 …………………………21
6 | 火中取宝 ……………………………26
7 | 谈炉说灶 ……………………………31
8 | 看不见的火候——蒸 ………………36
9 | 不到火候不揭锅 ……………………41
10 | 蒸鲢煮鲫炖黄鳝 ……………………46
11 | 不同的火候，不一样的蒸法 ………51
12 | 玩水不玩火 …………………………56
13 | 大火煮粥，小火煨肉 ………………61
14 | 千滚不如一焖 ………………………66

15	鲶鱼炖前子，香死老爷子	71
16	透过水煮鱼的"标准之争"看火候	75
17	"煲三炖四"与"煲二炖三"的火候之变	80
18	"以秒计时"的炒糖色经久不衰	85
19	"赴汤蹈火"的汤	90
20	"吊汤"的汤	95
21	"灌汤包"的汤	99
22	不能用小火煮的大煮干丝	103
23	不能高温久煮的麦片	108
24	不能不煮透的豆浆及其他	113
25	热油旺火炒	118
26	生炒萝卜熟炒菜	122
27	爆炒之"爆"	126
28	火焰美食的火	131
29	飞火炒菜的火	136
30	火锅里的火	140
31	煎：用中小火加热	145
32	贴是一面煎	150

目 录

33 | 塌是煎的发展 ……………………………155

34 | 三分墩，七分灶 …………………………160

35 | 三分做功，七分火功 ……………………164

36 | 三分技术，七分火候 ……………………168

37 | 旺火热油炸 ………………………………173

38 | 急火速成熘 ………………………………177

39 | 逢烹必炸 …………………………………181

40 | 看看火候 …………………………………186

41 | 火候，也能听出来 ………………………191

42 | 嗅觉·触觉·火候 …………………………195

后　记 …………………………………………200

写在前面的话
XIEZAIQIANMIANDEHUA

在"厨行天下书系"之中,《烹饪火候》列在《烹饪刀工》和《烹饪技法》之后出版,有一个重要的原因,就是"火候最难掌控,又最为重要"。与刀工技术相比,厨行有言"三分墩,七分灶";与面案技术相比,厨行公认"三分做功,七分火功";与红案技术相比,厨行又都说"三分技术,七分火候"。这也正如古人所云,火候"千变万化,精细微妙,奥妙无穷,难以言喻"。写作烹饪火候的文章,有一种难乎其难和如履薄冰的感觉。因此,在本书的前面,有必要写下如下三方面的内容:

一、烹饪火候面面观

厨师的煎炒烹炸,无不讲究火候;名厨的带徒传艺,无不强调火候;顾客的美食享受,也要品品火候。那么,怎样才能恰当地掌控和科学地利用火候呢?

菜谱里提及的火候,通常只是火力、火势的概念:旺火、中火、小火、急火、慢火、微火。旺火有多旺?急火有多急?小火有多小?小火与微火有什么区别?等等,都如同使用调味料的"少量""适量",很难有个量化的标准。

烹饪火候

不只如此,还有"先旺火后小火""先小火后旺火""旺火、中火、小火交叉运用"等多种情形,"一言难尽是火候"。

有人说,什么叫嫩?生和熟之间叫嫩。这就像打排球的"时间差"。手握大勺,心里在想:熟没熟?再爆一会儿?稍一犹豫,也许就老了,不嫩了。由此看来,厨师是在"火中取宝"。

有人说,锅在火上,原料下锅,在这之后,要是离开岗位一小会儿,要是走神一会儿,要是聊天几句,再过来一看,过火了,汤干了。这个时候,再加一点水,再烧一把火,这就坏菜了,是补救不过来的。

也有人说,菜肴的各种原料,质地有老有嫩,就是同一类原料,也有区别。比如,当年鸡和隔年鸡、蔬菜的根、茎、叶,都要根据质地选择火候。"土豆烧牛肉"这道菜,应该先把土豆炸好,待牛肉烧到半烂时,再与炸过的土豆同烧,成菜时牛肉和土豆的火候才能恰到好处。

还有人说,刚出锅的热菜,不能放入冰冷的餐具里,以保留菜肴的火候;自助餐的菜肴,应装入保温的器皿里,不论客人先来还是后到,都能吃到同样的火候;客人入坐,冷菜先上桌,冷菜将要吃完时,热菜逐个上桌,这样才能保证每道菜肴的最佳火候;餐厅的环境温度,应控制在22℃~24℃,防止温度陡然变化,影响菜肴的色泽、形态、口味;在烹饪比赛现场,传菜员为什么要快步将选手的作品和"尝碟"送到评判室?因为评判人员不仅要"尝口味",还要"尝火候"。

可见,在人们的饮食活动中,从烹制菜肴的运用火候,到食用菜肴的品尝火候，火候无处不在。

古往今来，名厨大师发现和积累了很多烹饪火候的窍门：

煮饺子的窍门："先煮皮，后煮馅"，"敞锅煮皮，盖锅煮馅"。

煮汤圆的窍门："滚水下，慢火煮"。

煮粥的窍门："煮粥没有巧，三十六下搅"。

煮面条的窍门："煮面先煮汤"。

煮快餐面的窍门："先煮后焖"。

利用熘制火候的窍门："急火速成熘"。

利用烹制火候的窍门："逢烹必炸"。

利用贴制火候的窍门："贴是一面煎"。

利用炒制火候的窍门："热油旺火炒"……

在烹饪技术的十八般武艺当中，对火候的关注，人多面广：

2500多年前的《吕氏春秋·本味》最早提出"火之为纪"。

唐代一位善品肴馔的将军说："物无不堪吃，唯在火候，善均五味。"

苏东坡在谈到烧猪肉时说："慢着火，少着水，火候足时它自美。"

袁枚在论及烹饪二十须知时，特别强调"物熟之法，最重火候"。

恩格斯说：用火和保存火种，是"最终把人同动物界分开"的标志。

英格尔说："熟食是人类开化的序幕"……

在烹饪行业内外，尽管有那么多人关注烹饪火候，但区分烹饪火候大小久暂的程度，既没有国家标准，也没有行业标准，尚未达到"风以级分、时计分秒、声论分贝"那样的量化标准，有的只是"民间标准"。例如，《中国烹饪百科全书》将油温"分为温油、热油、旺油三类"；《中国烹饪辞典》则将油温分为四种类型："三四成油（70℃~100℃）；五六成油（110℃~170℃），七八成油（180℃~220℃）；九十成油（220℃以上）。"一般来说，油温能代表一定的火候。这里的"一定"，取《现代汉语辞典》对"一定"的两种解释：

一是"特定的"。例如，"一定的文化是一定社会的政治和经济的反映"。那么，在厨行里，"一定的油温是一定的火候的反映"——油温的高低能反映火候的强弱。

二是"相当的"。例如，"他的思想感情起了一定程度的变化"。那么，油温也就代表"一定程度的火候"，代表"相当的火候"——这样认识油温与火候，有利于"看油温辨火候"。

烹饪火候，目前还只能靠经验来加以区别。本书尽量借鉴专家前贤们的成果，侧重当今利用烹饪火候的新设备、新技术、新理念，在此基础上进行探究——烹饪火候面面观：火候"民间标准"的汇集，火候演变过程的评说，火候重要作用的阐述，火候大小久暂的窍门……

二、烹饪火候无小事

如前所述，无论烹饪刀工，还是烹饪技法，乃至整个烹饪活动，如果"三七"开，火候都占"七成"。所以说，烹饪火候无小事。

火候不足，会造成失饪。在一次烹饪比赛活动中，一位选手得知他的"滑炒里脊丝"因为不熟而被判为零分时，顿时两眼发直，六神无主，全身发软，扑腾一下，倒在地上。众人相扶，相救。好在他只是经受不住突然的意外刺激，瞬间不省人事，很快就缓过来了。

作为一名职业厨师，把菜做得咸点淡点，甜点酸点，软点硬点，都在"众口难调"的范围之内，可以被理解和接受。但是，把没断生的原料端到顾客的餐桌上，这不熟的"菜"，仍不能食用，则难以被人理解，无法被人接受，当然更无缘烹饪比赛的奖项。

这位选手对参赛菜品的评判结果，没有疑义。他说，第一次参加这样的大型比赛，没有经验，临场操作时特别紧张，担心菜肴炒得不嫩，拿不到好成绩，结果事与愿违。

看着他失落的样子，大家都在安慰他、劝说他、鼓励他，也有献计献策的种种说法。说来说去，那位选手失饪的原因，就在于滑炒的火候上——就欠了那么一点火！

烹饪火候不足，有时还会造成食物中毒。据报道，天津有40名工人吃了食堂里的豆浆后出现中毒症状，是豆浆未煮熟所致。煮豆浆容易煳底，豆浆冒出泡沫，有人就误以为煮熟了。其实，豆浆刚冒出沫泡时，水温只有80℃～90℃，应该继续煮。只有达到100℃之后，再持续煮几分钟，生豆浆所含的皂毒素、抗胰蛋白酶等配糖体有毒物才能被分解破坏掉。因此，煮制豆浆的火候，不能被"假沸腾"的现象蒙蔽。只有用足火候，豆浆才能由生变熟，才能防止食物中毒。

当然，过度使用火候，也会破坏食物的营养物质，对人体健康不利。如今，已有不少类似"老火汤"之类的汤类菜肴，不再走"煲汤时间越长越好"的老路，而是在保证质量的前提下，缩短用火时间。在药膳制作过程中，还特别强调食材和药材的预制加热，有了这个"前戏"，接下来的烹饪火候，便可由"煲三炖四"变成"煲二炖三"——煲或炖的用火时间，都可减少1小时。

只有恰当地掌控和运用火候，才能准确把握菜肴的成熟程度，尽量避免菜肴营养物质的流失，保持菜肴色泽和形态，防止脱水和便于调味料渗入，烹制出营养丰富的美味佳肴。

在烹饪实践中，尽管选料好、刀工好、采用的烹饪技法也正确，但火候掌控不准，照样会出现问题：炒菜不像炒菜，爆菜不像爆菜，该香的不香，该脆的不脆，该嫩的不嫩，失掉了菜肴的风味特色，甚至该熟的不熟，造成烹饪失败。拿刀工处理之后的烹饪原料来说，有大的，有小的；有薄的，有厚的；有完整的，有零碎的。这就需要根据不同的原料，运用恰当的火候。通常情况下，小的、薄的、碎的原料，适于旺火速成；大的、厚的、整的原料，则应小火慢成。与此同时，不同的烹饪技法，也都有各自的火候要求。一般来说，爆、炒宜用旺火；炸、熘宜用中火；焖、煨宜用小火；吸收汤汁、酥烂、保温宜用微火。

烹饪技法多种多样，几乎都离不开火候。饭店行业流行"死马桶，活锅子"的说法，意思是说，客房的管理模式比较固定，称为"死马桶"，而厨房的变数比较大，才被称为"活锅子"。在厨房里工作，运用好"活锅子"里的火候，更不是一件轻松的事情。

"活锅子"，需要处处留意，灵活掌握火候：

清炸的菜肴，因为原料不粘糊，水分较多，要在火旺油热的时候下锅，然后改用小火，慢炸。粘糊的原料，应在油七分热时下锅，防止糊焦而里面的原料不熟。越是块大形厚的原料，越是要用小火慢炸，有时还需反复炸。

炒豆芽菜、炒韭菜、炒蒜苗，火力不旺，就会变"炒"为"煮"，"煮"出好多汤水。

制作拔丝菜，熬制糖浆的火力不旺，糖浆就会起砂，由液体变成粉末。

煎鱼的火力不旺，就会粘锅……

烹饪火候，非常复杂而又极为重要。它还关系到餐饮企业的安全生产。因为厨房里一个小小的隐患，因为厨师一个小小的疏忽或一个并不太长时间的离岗，都有可能造成火灾事故。

"厨房重地"告示中，含有一个非常重要的内容——火。

三、烹饪火候纵横谈

在写作《烹饪刀工》《烹饪技法》的时候，我就注意整理烹饪火候的资料，多次到灶前观看名厨大师们的火候功夫，从理论和实践的结合上探究烹饪火候的来龙去脉、操作技巧……

经过较为充分的准备，觉得到了写《烹饪火候》的火候。可是，真的坐到电脑前，还是觉得"心中有，笔下无"，一次次为"烹饪火候"重新开头，一次次把"火候文章"推倒重来。终于，编史修志的写作形式给我以启发：要"竖不断线，横不漏项"，"竖到底，横到边"。这就是说，既要纵向写——展示烹饪火候贯通古今的发展历史，又要横向写——介绍烹饪火候的知识和技能。

采用"纵向"写法——

以《烹饪的起点》开篇，接着谈及最早烹饪用火的《美味烤中来》，随后谈及进入21世纪之后的《火候探源》。

通过《谈炉说灶》，谈古往今来加热设备的推陈出新；通过《看不见的火候——蒸》，谈蒸制技法的演变过程；通过《不到火候不揭锅》，谈控制火候的技术进步。

通过《大火煮粥，小火煨肉》谈煮制火候的古今；通过《千滚不如一焖》，谈焖制火候的沿革；通过《鲶鱼炖茄子，香死老爷子》，谈炖制火候的演变。

通过《"赴汤蹈火"的汤》，看火候之纪；通过《"吊汤"的"汤"》，观火候之变；通过《"灌汤包"的"汤"》，解火候之谜。通过《热油旺火炒》《生炒萝卜熟炒菜》《爆炒之"爆"》，谈菜肴炒制火候的历史和现状。

通过《煎：用中小火加热》《贴是一面煎》《塌是煎的发展》，谈煎以及煎为基础的贴和塌的火候。

通过《旺火热油炸》，谈炸制技法的沿革；通过《急火速成熘》，谈炸制技法的延续；通过《逢烹必炸》，谈炸制技法的延伸。

采用"横向"谈法——

谈旺火、中火、小火、微火等《火候种种》；谈火力、火性、火具、火媒等《火候的构成》；谈用火时间或长或短或不定时的《火中取宝》。

谈不同原料采用不同火候：《蒸鲢煮鲫炖黄鳝》；谈旺火、中火、小火：《不同的火候，不一样的蒸法》；谈足汽蒸与放汽蒸：《玩水不玩火》。

谈烹饪火候的热点：《透过水煮鱼的"标准之争"看火候》；谈烹饪火候的转变：《"煲三炖四"与"煲二炖三"之变》；谈烹饪火候的传承：《"以秒计时"的炒糖色经久不衰》。

谈煮制的火候种种：《不能用小火煮的大煮干丝》《不能高温久煮的麦片》《不能不煮透的豆浆及其他》。

谈炒勺里和餐桌上的火：《飞火炒菜的火》《火焰美食的火》《火锅里的火》。

谈火候在"三七开"中所处的地位：《三分墩，七分灶》《三分做工，七分火候》《三分技术，七分火候》。

谈视觉、听觉、嗅觉、触觉与火候：《看看火候》《火候，也能听出来》《嗅觉·触觉·火候》。

就这样，一篇篇地写着、谈着，对复杂多变的火候，既谈历史沿革，也谈横向比较，还加入了不同时期的火候故事、不同菜肴的火候实例，力求使本书具有较强的技术性、适用性、可读性、资料性。在本书内容的编排上，纵谈与横谈交替出现，让烹饪火候在"纸上纵横"。

下面，就从"烹饪的起点"谈起……

1

烹饪的起点

烹饪火候

据考证,"烹饪"这个词,已有2700多年的历史,最早出现于《易经·鼎》:"以木巽火,烹饪也。"这意思是说,将动物、植物原料放进陶鼎,添加水和调味品,用柴草顺风点火煮熟。这个烹饪过程,包含使用的食料、调料、炊具、技法、燃料、火候等很多内容。

考古工作又有重大发现:在50多万年前的北京周口店"北京人"遗址,发掘出4个较大的灰烬层,厚达4.6米,在这些灰烬层里,有许多被烧裂的石头、烧焦的骨头、烧过的朴树籽和木炭。面对这些"庖厨垃圾",中国考古学界终于找到了先人用火烹饪的确凿证据,因而得出结论:"北京人"已经能够保存火种,已经很好地管理火、利用火。

据此,烹饪专家得出了如下结论:"北京人"发明了加热制熟食物的技术。这是迄今为止全世界已知的人类最早用火熟食的事例。烹饪由此诞生。

人类最初见到熊熊烈火,避而远之,逃之夭夭。可是,人与动物毕竟不同。恐惧过后,先民在余烬中感到温暖,就有意收集一些柴草,把火种保存下来。有时候,在烈焰吞噬的森林里,还会发现一些烧死的野兽和烤熟的坚果,取过来一尝,别有一番美好的滋味,于是就很可能由此受到启发,逐步提高了对火的认识,发明了取火、传递火、保存火的方法,掌握了使用火候的

1 烹饪的起点

技能，便不甘愿长久生食，跨入了一个新的饮食时代——火食时代。从此，人类有了光明，有了温暖，有了熟食，有了"烹饪始于火"。

当然，生食也没有那么可怕，没有必要用人类已经退化了的肠胃功能为先民担忧，先民也许觉得"虽不火食，亦无大害"。如今，生食和不完全熟食的远古遗风尚存。鄂伦春人烤肉煮肉都只需五六分熟，认为熟透了并不好吃；赫哲族喜欢吃生鱼片；还有的牧民喜欢吃生肉。这也从另一个方面说明，后人或多或少还怀念过去那种"茹毛饮血"的饮食生活，还要体味一下先民的经历。也许，磨平"茹毛饮血"时代的传统烙印，还要经过漫长的岁月。

在"烹饪"这个词出现千年左右的时候，就到了宋代。宋代人韩驹在五言诗《食煮菜简吕居仁》里，写到一个叫"烹调"的新词："空费烹调功"。随后，陆游的《种菜》诗里，也使用了"烹调"这个词："菜把青青问药苗，豉香盐白自烹调。"

这样一来，在人们的日常用语里，就有了"烹饪"和"烹调"两个词。至今，仍常有人不解地问："烹饪"和"烹调"，是不是一回事啊？有什么区别吗？

因为谈及"烹饪的起点"，也就有机会和有必要对"烹饪"和"烹调"进行一些探究。先将语言工具书对"烹饪"和"烹调"的解释摘录如下：

关于烹饪——

《辞源》说，烹饪就是"煮熟食物"。

《辞海》说，烹饪就是"烹调食物"。

《现代汉语词典》说，烹饪就是"做饭做菜"。

关于烹调——

《辞源》说，烹调就是"烹炒调制（食物）"。

《现代汉语辞典》说，烹调就是"烹炒调制（菜蔬）"

《中文大辞典》（台湾）说，烹调就是"烹制食物也"。

看来，"烹饪"和"烹调"是一对词义大体近似的词语。

再深入探究，就会觉得，语言工具书关于"烹饪"和"烹调"的上述解释，都是正确的。可是，将烹饪作为一门学问来对待，仅有词义的解释就显得不够了。所以，烹饪专业工具书对"烹饪"和"烹调"进行了更为专业的解释和比较：

《中国烹饪辞典》说，烹饪"是人类为了满足生理需求和心理需求把可食原料用适当方法加工成为直接食用成品的活动。

古代，用陶炉烹饪食物时的火候

1 烹饪的起点

它包括对烹饪原料的认识、选择和组合设计，烹调法的应用与菜肴、食品的制作，饮食生活的组织，烹饪效果的体现等全部过程，以及它所涉及的全部科学、艺术方面的内容，是人类文明的标志之一。"

《中国烹饪百科全书》说，"烹饪、烹调二词并存混用。近数十年，随着烹饪事业的发展，烹调一词在实际应用中逐步分化出来，成为专指制作各类食品的技术与工艺的专用名词，也称为烹饪工艺。"

至此，人们便可清晰地看到，烹饪包括了烹调的内容。

烹饪的起点是火，火也是烹饪持续发展的根基。古往今来，人们称烹饪是"鼎中之变""火中取宝"。烹饪的火候功夫，靠的是人们把烹饪作为变化着的学问、创新型的学问，不断研究探索，经验积累，从而形成了历史悠久的火食传统，创造了底蕴深厚的烹饪文化，代代相传……

2

美味烤中来

2 美味烤中来

在古代的森林里，居住着人类的先民。他们经历了艰难而漫长的没有烟火的饮食生活。一次偶然的机会，让他们有了一个全新的发现：美味烤中来。

那是一次雷击造成森林火灾之后，先民们回到原地，在灰烬中闻到一种焦香的气味。寻找这种气味时，发现了"熟食"：火灾中的明火，先烤干兽肉表面的水分，使之松脆起香，再由表层传到兽肉的内部，使其组织脱水，由生变熟。这时，处于极端饥饿的先民，便一改平时"茹毛饮血""生吞活剥"的饮食习惯，品尝烤熟的兽肉。不尝不知道，一尝真奇妙：熟肉比生肉更美味！

一来二去，先民们自己动手烤肉吃，还发明了三种烤法：

燔：把肉直接放在火上烤熟。

炮：把肉用泥巴包起来，放在火里烧熟，吃时剥去泥巴。

炙：把生肉用木棒串起来，架在火上烤熟。

在洛阳偃师仰韶文化遗址中，有一个长方形坑槽，里面存留着木炭和动物骨骼残迹。考古专家认为，这可能就是中国最早期的烧烤架。

在洛阳烧沟61号西汉墓壁画中，有一个"鸿门宴"图。图中长方形的四色炉旁，站着一个人，双眼圆睁，手持长叉，正挑起一大块肉在炉上烧烤。这人背后的四个铁钩上挂着大块红肉，肉下边还有一头牛。这是目前发现较早的烤制食品的资料。

在山东诸城出土的东汉画像石墓中，有一幅"庖厨图"画像石。画面的火炉旁，站着一个人，拿着一串肉在烤，烤炉上摆着几串肉，肉架上还挂着猪头、羊肉、鱼串等。考古工作者说，这个画像石，把汉代烤肉的场面形象生动地展现在人们面前。

据历史资料记载，汉代烧烤十分盛行，大城市里烧烤店铺林立，到处烟雾缭绕，香气扑鼻。所烤之肉，以牛、羊、猪、狗为主，还有其他野味。《盐铁论·散不足》说，当时民间招待客人，"烤肉满桌"。

在人类早期的美味大餐中，自然也有用谷物制成的"主食"，其最早的制熟方法，也是烤。

《礼记·礼运》注说："中古未有釜甑，释米捋肉，加于烧石之上而食之耳"；《考古史》也说："神农时民食谷，加物于燧石之上而食之。"还有一种方法，就是将粮食作物的籽粒包起来煨烤。包裹之物，就地取材。有的用野芭蕉叶，有的用皮袋，最有特色的是用竹筒。陈鼎的《滇游记》里有详细记载："腾越铁少，土人以毛竹截断，实米其中，炽火煨之，竹焦而饭熟，其香美，称为竹釜。"至今，云南、广东、广西、贵州等地，仍有少数民族使用这种"竹釜"。

粮食作物的籽粒，不宜直接烧烤，而是以石板、包裹物为中介物，均匀传热。主食和菜肴，都需要均匀传热。这就促使烤制技法向前推进了一步——要掌握好火候。

火候掌握好了，烤制食品具有更好的外观形态、内部组织、口感味道。

烤制的糕点、月饼、饼干、面包，外部形态丰满，油润光洁，花纹清晰，颜色均匀，没有焦煳现象；内部起发均匀，皮馅结合严密，酥层清晰明朗，不夹生；入口具有酥、松、软、香、脆等良好的质感。

烤制的菜肴，原料的水分蒸发后，表层松脆，滋味焦香。

烤炉，是目前人们广泛使用的烤制设备。有明火炉、橱式炉、风车炉、链条炉等。烤制的火候，一般控制在180℃~220℃之间，最高为300℃。根据不同的制品，采用不同的火候：

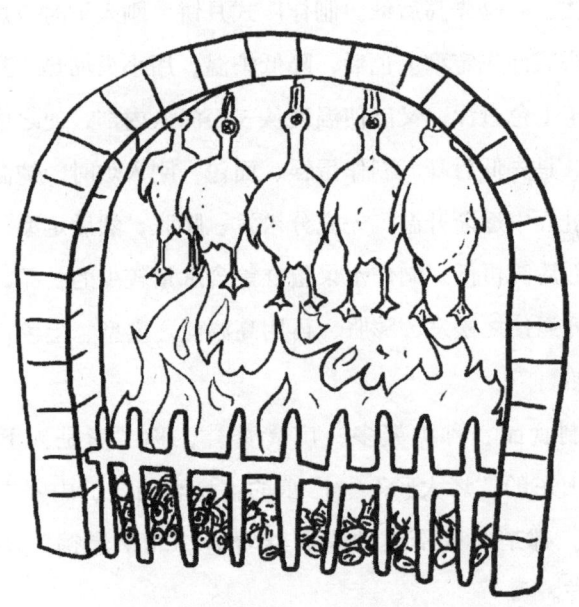

北京烤鸭，有"国菜"之誉

慢火，120℃~130℃。用于烤制不上色的酥皮类食品，以保证产品成熟后呈乳白色。

中下火，140℃~150℃；中上火，160℃~180℃。用于烤制混糖皮及酥类、茶酥类、蛋糕等食品，成品色泽稍重，一般为金黄色。

快火，200℃~220℃；旺火，230℃~260℃。用于烤制浆皮类、饼干类和一些体积较小的食品，色泽呈黄褐色、黄棕色，加热时间较短。

烤炉的温度，并不是一成不变的。一般来说，有3种调节炉温的方法：一是先高后低。制作广式月饼，刚入炉时，炉温高一点，月饼表面先定型上色后，降低炉温，用小火加热，月饼表面既不致于上色过深，又能使温度从表面深入内部，使之成熟而不焦糊。二是先低后高。制作蛋糕、面包，刚入炉时，炉温较低，在加热过程中逐渐升温，先充分松发、膨胀，然后定型、上色。三是先低后高再低。制作水果蛋糕等含水量较少的食品，刚入炉时，用低温使之松发、膨胀，再用高温使之定型、上色，最后用低温烘熟。

烤制食品，种类繁多，广受赞誉，称"烤是天下第一美味"。山东的"烤大肠"、广东的"烤乳猪"、内蒙古的"烤全羊"，都是经久不衰的烤制佳肴。"北京烤鸭"还有"国菜"之誉。

3

火候探源

烹饪火候
PENGRENHUOHOU

人类进入火食时代，掌握了烤制技法，尝到了用火熟食的甜头。至此，在用火技能方面，人类并没有止步，而是继续探索前行……

当人类社会进入21世纪，无论是烹饪专业的教学科目、厨师技能的考评项目，还是烹饪比赛的评判标准，都有"火候"的内容。就连来到饭店用餐的顾客，也把"火候"看得很重。

顾客举筷说道，青蒜炒鸭肠，可是个"火候菜"！来，看看这家厨师的手艺怎么样？言外之意，"火候"代表"厨艺"。

端上餐桌的每一道热菜，顾客都投以审视的目光。果然，有的经不起火候检验：这道"拔丝地瓜"过火了——颜色黑，口味苦；这个"水爆肚"欠火候——嚼不烂，口感差。

社会上的五行八桌，都有行业术语。找出几个点击率高的烹饪行业术语，十有八九不会漏掉"火候"。

"火候"一词，至晚出现在唐代。段成式的《酉阳杂俎》曾引用唐代一位善评肴馔者的话："物无不堪吃，唯在火候，善均五味。"文学巨匠、唐宋八大家之一的苏东坡，在谈到烹饪要诀时，通过烧猪肉指出火候的重要："慢着火，少着水，火候足时它自美。"

其实，早在战国末期，《吕氏春秋·本味》就有了"火为之纪"的提法："九沸九变，火为之纪。时疾时徐，灭腥去臊除

3 火候探源

膻,必在其胜,无失其理。"意思是说,鼎中九次沸腾,就会有九种变化,这要用火来控制和调节。有时用武火,有时用文火,清除腥味、臊味、膻味,关键在掌握火候。应当用什么火候,必须用什么火候,不得违背用火的道理。这个道理,集中体现在一个字上,那就是——纪。

"纪"的解释,在《吕氏春秋·本味》注释里说得很明确:"纪,犹节也。"可见,这里的"纪",指的是"节"。"节"的词义,包括节度、适度。由此看来,"火为之纪",说的便是用火要适度——掌握好火候。

所谓火候,就是根据烹饪原料的性质、形态,结合烹制菜肴的目的和要求,给原料加热的量。《中国烹饪辞典》对火候的

九沸九变,火为之纪

烹饪火候

解释更为具体一些："火候，是指烹制肴馔时烧火的时间长短和火力的大小。因肴馔不同，所以用火的时间长短、火力大小也不同，掌握火候是烹饪者的关键技艺之一。"

一块生肉，是嗅不出香味的。但是，只要加热到一定程度，就能发出香味。火候，能使原料从根本上发生质的变化。

那么，同样的原料、同样的炉灶、同样的调味品，在同一时间烹制同样菜肴，一个是职业厨师，一个是很少下厨的外行人，烹制出来的菜肴会不会一样呢？回答是肯定的：不一样。

他们的差距，就在于对火候的认识和掌握上。以各种各样的"泥菜"为例，豌豆泥、扁豆泥、莲子泥、白果泥、板栗泥、核桃泥，这些甜味菜，都要求"甜而不腻，口感酥爽"，关键是炒制时火候的恰到好处。火候不足，"泥"的质地不翻沙；火候过头，又会使"泥"结块顶牙。

再比如，《烹调技术1000问》举了个爆制菜肴"抢火候"的例子：爆，是一种程序复杂、旺火速成的烹调技法。由于火力和时间对爆制菜肴质量关系极大，厨师称之为"抢火候"菜。特别是"油爆"，其烹调过程分为焯、炸、炒三个步骤，连续操作，一气呵成。尤其是水焯和油炸时间更短，都不超过3~5秒钟。因为要在一瞬间连抢"水焯""油炸""颠炒"三个火候，并使菜肴达到脆嫩的程度。如果功夫不到家，动作缓慢，出勺稍迟，菜肴就会发皮变老，又艮又韧，咬嚼不动，失去爆菜脆嫩爽口的独特风味。

同样是火候的原因，爆墨鱼花，须用旺火爆制，成品质地脆嫩，火候一过，便老韧难嚼；炖鸡、炖肉，须较长时间炖煮，

3　火候探源

火候不到，便达不到所需要的烂度，炒鲜奶、水炒鸡蛋等软炒菜肴，须用慢火温油，如果火旺油热，很容易炒焦糊底，产生异味，污秽不堪，造成烹饪失败。

因为肴馔不同，火力大小和用火时间长短，也不相同。恰当掌握火候，可使肴馔成熟适度，并使色、香、味、形和质地都达到最佳效果。反之，欠火或过火，直接影响肴馔质量，甚至导致烹饪失败。

从简单地用火熟食到掌握复杂多变的火候，把烹饪技术推向了一个新的高度，人类的饮食生活也因此进入一个更新更高的发展阶段。

火候技术，难度很大。正如古代厨师所说，"千变万化，精细微妙，奥妙无穷，难以言喻。"何至如此？至少有"两多"：火候的种类多，火的变化也多。

4
火候种种

4 火候种种

打开中国烹饪史，人们就会发现，从古至今，出现过很多火候的名词：火焰、火种、火齐、火剂、文火、武火、大火、小火、中火、微火、死火、活火、明火、暗火、温火、旺火、冲火、爆火、急火、猛火、满火、烈火、余火……

火候种种，随着炉灶的结构、燃料的性质、气候的冷热，特别是司厨者的调节，随时都在发生变化。

炉里、锅里、勺里的温度变化，人们不可能使用温度计去测量，只能凭感观和经验来确定"火候"。有人曾将火候分为"成"数，以30度左右为一"成"，从一到九累计。这种分"成"的方法，往往只局限于油温，而动物油和植物油在加温时的表象不一样，对于烹饪实践少的司厨者来说，靠"成"掌握火候，仍不是那么容易。所以，人们就由此及彼，联想到火候之外的"分等定级"：风以级分，时计分秒，声论分贝。那么，烹饪的火候，是不是也应该科学区分其大小久暂的程度呢？目前只是处于呼吁阶段，烹饪火候的区分，有待科学家们的探索。

火候，或大或小，或强或弱，随时处在变化之中，很难划定等级界限。一直以来，人们对烹饪火候的区分，只有在用火实践中逐步形成的"民间标准"。而这个"民间标准"，也不尽相同。光是将火候分为三种类型的，就有不同的"版本"：

急火、旺火、慢火（《烹饪技术》中国铁道出版社，1981

年）；

旺火、温火、微火（《吃》科学普及出版社，1983年）；

旺火、中火、小火（《烹饪技术》中国商业出版社，1987年）。

在此基础上，大型烹饪工具书《中国烹饪百科全书》（中国大百科全书出版社，1995年），按照人们的习惯，根据火的形态、火的颜色、火焰高低、火光明暗、辐射热强弱等外在现象，将火候分为四种类型：旺火、中火、小火、微火。这是目前比较公认的。

1. 旺火。旺火又称武火、冲火、大火、爆火、急火、烈火、猛火，是火候中最强的一种。其特征是：火焰高而稳定，火光耀眼明亮，呈黄白色，光度明亮，辐射力强，热气逼人。旺火有两个层次：一种是冲火，火苗能窜出炉口一尺多高，火焰猛烈，火力最强，适用于抢火候的烹饪技法；另一种是满火，火色淡黄带有红亮，火力较强，适用于快速成熟的烹饪技法。熘、爆、炒、烹、炸，都需要旺火。

2. 中火。中火又称文武火，是仅次于旺火的一种火候。中火是旺火以下、小火以上的多层次火候。其特征是：火焰较旺，呈红色，光度比旺火暗，热辐射较强。中火的利用率最高。煎、贴、煮、扒、烩、烧、蒸，都需要中火。

3. 小火。小火又称文火、温火，其特征是：火焰细小，时有起落，光亮度较暗，呈青绿色，辐射热较弱。煨、焖、煎、贴、炖、烧，都需要小火。

4. 微火。微火又称弱火、慢火，是火候中最小的一种。其特征是：火焰细小甚至没有火焰，呈暗红色，光度暗淡，供热微

4 火候种种

弱,主要用于菜肴保温。微火能使原料酥烂而有清汤。煨、炖等需要时间长的烹饪技法,都需要微火。

除此之外,电烤炉、烘烤箱、微波炉、电灶等炊具的火候,是按照辐射、温度或设定的档位划分的。

一般来说,由于烹饪过程中的传热介质不同,掌握火候的标准和方法也不一样:

以水为传热介质,是通过给水加热产生的对流作用,使原料均匀成熟。在给水加热时,水的体积变大,密度变小,热水上升,冷水向下运动,从而形成对流。当水温达到100℃时,水

旺火,也称武火、冲火、大火、急火、烈火、猛火,是最强的火候

沸腾并开始有水蒸气逸出。据实验，盖紧锅盖，加以密封，增加锅内压力，水的沸点可以上升到120℃左右。烹饪时，通过控制水温，合理利用火候。水温，分为四个层次：沸水，100℃；烫水，80℃~90℃；热水，60℃~70℃；温水，30℃~50℃。

以油为传热介质，是利用油的对流传递热量。油的沸点比水的沸点高，最高可达230℃以上。通过油温控制火候时，将油温分为四个类型：大沸油，230℃以上；沸油，也叫旺油，180℃~220℃；热油，110℃~170℃；温油，70℃~100℃。

蒸气传热，通过给水加热，产生气体，发挥对流作用，使原料受热成熟。在常压下，蒸气的最高温度也只能达到100℃。密封时，锅内蒸气可达102℃~105℃。通过蒸气控制来利用火候时，将蒸气传热分为三个层次：旺火沸水的蒸气，气量大，气体直上；中火沸水的蒸气，气量大，较为猛烈，气体有时直上，有时呈摇摆状；小火沸水的蒸气，气量小，气体围绕锅边缓慢上升。

5

火候的构成

烹饪火候
PENGRENHUOHOU

火候,是个烹饪术语。为了便于理解,我们不妨把"火候"的"火"和"候"分开,先单独解释一下:

火,物体燃烧时发出的光和焰,是烹饪的能源。

候,有"等候"和时间上的含义,也具有火所形成的温度和热量的泛意。

基于这样的解释,在烹饪原料加热过程中所运用的火力大小和时间长短,统称为"火候",真是再恰当不过的了。

在烹饪过程中,为了菜肴成熟均匀,老嫩一致,缩短烹饪时间,必须灵活使用火候:时而旺火,时而中火,时而小火,或几种火候交替使用。

先用旺火烹制,能使原料变色,去除部分异味及表面水分,产生香味,保持原味,而且成熟快,菜肴鲜嫩。

再入中火或小火煨焖,能使菜肴原料熟透或酥烂,调料的滋味能渗透到原料内部,使菜肴味透肌里,还能使肉料中的脂肪溢出。

再转入旺火烹制,能进一步把多余的水分蒸发掉,使汤汁浓稠,宜于粉芡成熟,包裹住原料,使菜肴更入味。

火候,虽然有火力大小和用火时间长短之分,但构成火候的因素是相同的,大体来说,应该包括火力、火性、火具、火媒。

1. 火力。火力和火候,经常被混用,其实,它们是有区别

5　火候的构成

的。所谓火力，指烹饪过程中的热能源。火力的表现，在于火的喷发力大小和火温的高低。火候不仅包括烹饪用火热量的大小，还包括烹饪用火时间的长短。所以，火力是构成火候的因素之一。人们常说"吃菜要吃火候"。这个"火候"，是通过掌握和运用火力来完成的。烹饪过程中的火力，一般分为旺火、中火、小火、微火。在实际应用中，不靠温度计测量，要靠厨师的眼观、耳闻等感觉和经验，灵活运用，恰当掌握。

2. 火性。火性是火力的性能和功效，也可以说是火力在烹饪时所发挥的作用和具有的效果。烹饪实践证明，只有善于掌握火

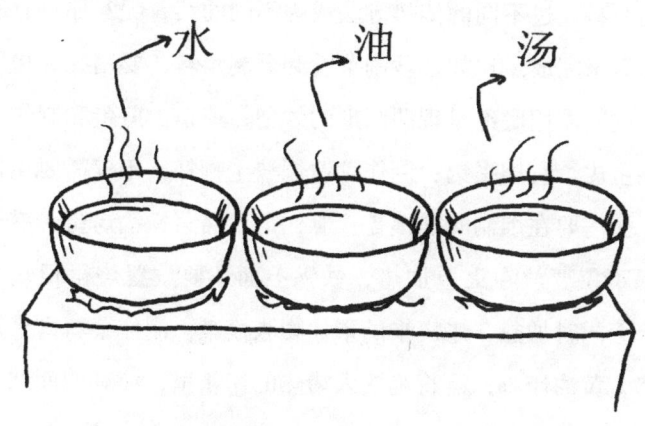

了解火的传热介质，有利于准确掌握火候

性，科学利用各种火性特点，才能烹制出称心如意的美味佳肴。制作的菜肴不同，需要采用的加温方法和加温形式也不同，也就是火性的表现不同。比如，用大乌参制作菜肴，必须直接将大乌参放到旺火上烧燎，脱去硬皮；制作菜肴盐焗鸡，必须将腌味的鸡放到烤热的烤箱中烤制；制作菜肴香芒滑鸡柳，必须将腌味的鸡柳先用温油滑过，再用温火烹制；制作菜肴沙哆牛肉，必须经过火烤。

3. 火具。顾名思义，火具是烹饪菜肴的用具。比如，锅、煮盆、汤筒、蒸箱、烤箱等。不管火力大小强弱，只有经过火具传热，才能使原料成为菜肴。在这个过程中，对火力的需求不是单一不变的：有的需要旺火催热，有的需要集中火力，有的需要分散火力，有的需要上、下受热，有的需要四面八方都受热。如何使原料通过不同的传热方法成为不同的菜肴呢？那只有靠不同的火具来完成。比如，炒制菜肴和爆制菜肴，要用旺火将原料催熟，这就需用底部呈现凹圆形的炒勺；煎鱼、煎蛋和制作春卷皮、鸡蛋皮，宜用平锅；制作菜肴焗波士顿虾，不仅需要用慢火煨制，还需要在煨制时加锅盖；制作河南名菜铁锅烤蛋，盛鸡蛋的铁锅不仅要放在火上加热，铁锅上面还要放置烧得很热的铁盖，上下同时加热，烤出来的蛋才膨胀松嫩；制作菜肴富贵鸡、烤火鸡、黄油烤鸡，需将鸡放入烤热的烤箱里，使其四面八方都受热。

4. 火媒。火媒是火具与原料之间的传热介质。如果没有这种传热介质，只有火力和火具，仍然不能使原料成为菜肴。比如，把鲜鱼、鲜虾直接放到烧热的锅里，是不能达到鱼虾菜肴的

5　火候的构成

烹饪要求的。所以，火具与原料之间，必须通过火的媒介，才能构成烹饪的全过程。火的媒介，主要有水、汤、油。煮虾、白肉、面条、馄饨、汤圆，必须有烧滚的水；制作皮蛋粥、花生粥、氽菜、烩菜、涮火锅，必须有烧滚的汤；制作油饼、油条、麻花，以及各种油煎、油炸的菜肴，必须有油。有些菜肴，还需要通过多种火媒才能完成全部烹饪过程。比如，制作清炒鲜露笋，鲜露笋要先"拉油"，再用水焯，最后还需要加入各种调味品炒制。

总之，烹饪的整个过程，是以火力为能源，运用火性的特点，利用火具设备，通过火的媒介作用，才能完成各种菜肴的制作。这个过程，从火候的意义上讲，也就是火候的构成因素。

6

火中取宝

6　火中取宝

笔者在翻阅1994年的《中国烹饪》杂志时,被一篇《烹饪方法32字诀》吸引:"煎炒烹炸,爆烤熘扒,蒸煮烧炖,炝拌烩焖,腌佘煸腊,煨燠酱熏,酿塌糟涮,风卤贴淋。"作者是扬州人。

这使笔者不由得想起名扬神州的"扬州三把刀"(厨刀、理发刀、修脚刀)。以"厨刀"成就的"淮扬菜",成为"中国八大菜系"之一。再仔细品读这"32字"时,发现其中的12个字是"火"字旁,占37.3%。于是,对烹饪是"火中取宝"这句厨行名言,有了更深刻的认识。

火,在甲骨文里,是个象形字——像燃烧的火苗。凡取"火"字为偏旁的,多与火光有关。《烹饪方法32字诀》里"火"字旁之多,足可见火与烹饪的密切关系和重要程度!

说来有趣,在柳宗元的《渔翁》诗中,有这样一句:"烟销日出不见人",如果将它作为字谜,谜底正好是"火"字。因为,"烟"字去"日"再去"人",就只剩下"火"了。真是堪称妙绝!

人类对火的评价之高、对火的利用之多、对火的兴趣之浓,从来没有减弱过。自从有了火,人类的烹饪活动,便逐渐从简单用火发展到讲究火候,要"火中取宝"。

酥鲫鱼,这道菜选用7~10厘米的小鲫鱼,配以重醋、重油,文火慢燠,火力只限于微沸状,而加热时间长达6个小时左右，其成品鲜醇味美，骨刺酥透，入口即化。原本刺多肉少、食用价值不高的小鲫鱼，经厨师巧用火候，妙手烹制，就成了老幼皆宜的风味菜肴。

油爆肚尖，这道菜选用肚尖肉厚部位，剞以花刀，扩大受热面，采用旺火热油，迅速爆炒，其油温高达八九成热，加热时间仅为两三秒钟。成品脆嫩无渣，香气四溢，滋味别致。

拔丝山药，这是一道甜菜，炒糖是关键。先将白糖加热溶化，然后浓缩成汁，直至可以拔丝。成品妙在金丝缭绕，风趣满席。

以上3道菜，滋味和质地各有特色，都是名菜，都是"火中取宝"的经典之作：

酥鲫鱼用火时间长——6个小时左右。有烹饪专家称它是"所用火力之小、加热时间之长，实属百菜之冠。"

油爆肚尖用火时间短——两三秒钟。有烹饪专家称它是"所用火力之旺、油温之高、加热时间之短，亦属百菜之首。"

拔丝山药用火时间不定——全凭厨师观察、感觉和经验。有烹饪专家称它是"火候嫩了不拉丝，火候老了拉断丝，是百菜当中恰当掌握火候的大不易。"

以上3道菜，一个耗时长，一个用时短，一个不定时，都是精准恰当的火候成就了脍炙人口的美味佳肴。可见火候对于烹饪的重要。明末清初著名剧作家兼戏剧理论家李渔在《闲情偶寄》中说："烹者之法，全在火候得益。"清代著名美食家袁枚在论及烹饪二十须知时，也特别强调"物熟之法，最重火候。"

确实是这样，烹饪菜肴的技巧，除了选料、切配、调味，就是"火中取宝"的功夫了。仔细观察，就会发现厨师"火中取

宝"的奥妙：

丁、丝、片、条、末，这类形状的原料，常用的烹饪技法是炒、炸、熘、爆。旺火速成的菜肴，原料切得又薄又小又均匀。必须切成厚大的原料，则剞上花刀，方便热量迅速传至原料内部，缩短烹饪时间。

大块的鱼、猪肉、牛肉、羊肉、整鸡、整鸭，这类形体较大的原料，常用的烹饪技法是炖、焖、煨、煮。慢火长时间加热的菜肴，添汤适量，防止原料尚未成熟而汤水耗干。

熟物之法，最重火候

蒸制菜肴时，质地软嫩的菜肴旺火沸水速蒸；原料质地老、形体大，又需要蒸制酥烂的菜肴，旺火沸水长时间蒸；原料质地较嫩，需要保持鲜嫩的菜肴，慢火沸水蒸；还有的用微火沸水蒸，即菜肴保温蒸。

肉类菜肴，因为质量要求不一样，必须选择不同的烹饪技法。制成外酥内嫩的菜肴，收汁亮油常用干烧技法；制成软糯柔嫩的菜肴，常用蒸或煮制技法；制成干香鲜美的菜肴，则用煸或烤的技法。由于烹饪技法不同，火候也不一样，或只用旺火，或只用小火，或先旺火后小火、微火，或先小火后旺火，都是各显其长，各有所妙。

7
谈炉说灶

烹饪火候
PENGRENHUOHOU

正确使用烹饪火候,必须了解和掌握炉灶知识,然后才能上灶——临灶操作。

炉灶,是烹饪加热设备的统称,在烹饪行业使用频率很高。一般情况下,人们对"炉"和"灶"不做苛求的划分,甚至通用。但是,严格地说,炉是炉,灶是灶,它们之间,有着明显的区别:

炉,一般是指烹饪供热的可移动装置。例如,烘炉、烤炉、熏炉。在烹饪过程中,利用这些"炉",运用烘、烤、熏等烹饪技法,通过适当的火候,给原料加热,直至成熟。

灶,一般是指烹饪供热的固定装置。例如,连眼灶、回风灶、燃气灶。在烹饪过程中,利用这些"灶",采用炸、炒、烧、炖、蒸等烹饪技法,通过水、油、汽等传热介质,使烹饪原料由生变熟。

在人类用火烹饪之初,无炉无灶,只是一个篝火堆。先人们就是在那里,开创了烹饪用火的先河。

后来,有了坑炉、吊炉、炙炉、染炉,有了炮台灶、老虎灶、爬山灶、子母灶。传统的炉灶,按热源划分,主要有柴草灶、糠壳灶、木炭灶、燃煤灶。

再后来,随着社会的发展,烹饪热源不断更新。柴草、糠壳、炭、煤等天然可燃物,需要提前引火和养火,热值相对较

7 谈炉说灶

低,燃烧后生成的杂质较多,而且污染环境。这些传统热源,逐渐被新热源代替。天然气、液化石油气、工业酒精、电等新热源,热量充足,使用安全,便于调节,节省能源,减少占地,还能减轻环境污染和减轻劳动强度。

烹饪热源发生变化之后,传统炉灶与新式炉灶并存,新式炉灶占据主导地位。目前,人们所使用的炉灶,主要有以下几种:

以气体为热源的炉灶——燃气灶。

以电为热源的炉灶——电炒锅、电饭锅、电烘箱、电炉、

传统炉灶和新式炉灶并存,新式炉灶占据主导地位

微波炉。

以煤或柴为热源的炉灶——煤灶。

随着炉灶的变化，厨师走上了知识更新之路，在临灶之前，就注重学习热源和传热知识，以便准确掌握烹饪火候。

1. 燃气灶。燃气灶以气体为热源，主要是燃烧天然气、石油液化气。燃气灶一般由喷嘴、调风板、混合管、火孔四部分组成。燃气灶具有很多优点：引火和灭火方便可靠；燃料燃烧充分，热能利用率高；自由控制火力，便于调节温度；任意延长燃烧时间，减轻劳动强度；无烟、无灰，清洁卫生；环境温度低；适用于大多数烹饪技法。使用燃气灶要特别注意安全，使用时先点火后开阀门，使用后一定要关好阀门。

2. 电炉、电烘箱、电炒锅、电饭锅、微波炉。这些以电为热源的烹饪设备，也被列入炉灶名下。它们具有使用方便、易于控制、对环境污染小等优点，但也存在明显的缺点：用电加热，升温较慢；微波炉电能消耗大。微波炉的微波，是一种频率很高的电磁波，具有相当强的穿透力。当微波传到含水分的烹饪原料时，就会被吸收并转化为热源，将原料加热至熟。微波加热，升温迅速，加热均匀，对原料与盛具有特殊要求，观察不到原料在受热过程中的变化。微波加热是电加热的延伸。电加热和微波加热，都不能完全适应中式菜肴繁多的烹饪技法。

3. 煤灶。煤灶以煤或柴为热源，由炉膛、炉栅和灰膛构成，有炒灶、烘灶、烤灶、蒸灶、铁灶、炮台灶等。煤灶是一种古老的传统炉灶。在使用时，注重把握升火、添火、封火和灭火的时机。

7 谈炉说灶

4. 炒灶。炒灶品种很多,外形各异,使用的能源也不一样。常用的能源有煤气、液化气、柴油。中式炉灶通常以煤气为燃料,采用点火棒点火,用电动鼓风机旺火。炒灶炉膛较深,底部装有一圈煤气喷嘴和一根点火棒,可喷出多道火焰,炉膛四周装有高出灶面的不锈钢圈,圈上有2~3个缺口,以供火焰上蹿及空气流通。这种炒灶,产热量大,火力集中,易于控制,操作简单,适用于炒、熘、炸、爆等旺火速成的烹饪技法。炒灶的外表由不锈钢制成,造型美观大方,便于清洁,是现代厨房必备的加热设备之一。

5. 汤灶。汤灶又称"低灶",灶面安装位置较低,灶面距地面大约40厘米,火势稳定,易于控制,适用于煲汤及煮制食物。汤锅由不锈钢或铝制成。

走近现代厨房的灶台,有大口灶台,也有小口灶台。大口灶台有两个大灶口,灶台上设有供水装置和笊篱架;小口灶台的两个小灶口之间,设有煮汤的汤锅或热水锅,前方两侧设有两个更小的微火灶口,用于汤水的保温和慢炖食物。大口灶台和小口灶台,都能容纳两位厨师同时操作。他们使用煤气引火设备,只要打开阀门,就可以点燃,并用阀门控制火候。

谈炉说灶,能使人们深切地感受到,炉灶及其热源,也都在与时俱进,不断地推陈出新——另起炉灶。这个变化,还有诸多外延。例如,某企业改弦更张或某人工作变动,也常被称为"另起炉灶"。

8
看不见的火候——蒸

8 看不见的火候——蒸

"炉"和"灶",都是"火"字旁。所以,在提及它们的时候,或"炉",或"灶",或"炉灶",人们很容易联想到或大或小的火候。然而,在使用炉灶进行烹饪时,有一种烹饪技法,却让人看不见火候——蒸。

蒸,是以水沸后产生的水蒸气为传热介质,使食物成熟。因此,有人说,蒸是"玩水不玩火"。

蒸,能蒸制主食、糕点、小吃,能蒸制菜肴,还能进行主食和菜肴原料的前期热处理。

无论蒸制主食还是菜肴,也无论蒸制成品还是原料预处理,在蒸制过程中,通常都要盖严笼盖,不能漏气。在封闭状态下,让原料与蒸气直接接触,将原料蒸熟或蒸烂。

蒸制菜肴,具有鲜明的特点:原汁原味,形态美观,色泽艳丽,味鲜汤清,香气浓醇,清淡不腻。有很多名馔佳肴,都是蒸制出来的。例如,毛泽东称赞过的"武昌鱼",蜚声中外的"蒸鲥鱼",风味独特的"冬瓜盅",形态美丽的"兰花鸽蛋"。

《古史考》告诉人们:"黄帝始蒸谷为饭,蒸谷为粥。"

《饮食与中国文化》在写及"悠久的火食传统"时,留下了值得中国人自豪的考证:"蒸法是东方烹饪术所特有的技法,它的创立已有不下6000年的历史。西方古时烹饪无蒸法,直到当今,欧洲人也极少使用蒸法。像法国这样在烹调上享有盛誉的国家,据说厨师连'蒸'的概念都没有,更不用说实际应用了。西方人后来发明了蒸汽机,人类由此进入蒸汽时代,但是中国人利用蒸汽能的历史却是西方所不能比拟的,东方早在史前时代即已进入了自己的'蒸汽时代'。"

在四川,有一个流传很久的说法:"三蒸九扣"。"三蒸"是指蒸制的技法多;"九扣"是指扣碗菜多。"扣碗菜"是蒸制烹饪技法的继续——蒸好的菜,反扣倒入另外的碗或盘里,然后上席。

"三蒸九扣",说的是民间筵席菜肴多,反映了民间因地制宜于举办筵席的聪明才智。拿举办婚宴来说,几十桌筵席,如果只靠煎、炒制作菜肴,需要很多炉灶和很多厨师上灶,而事先把菜肴蒸好,客人入席,即可将"三蒸九扣"的菜肴送到客人的席面上。

由于受"三蒸九扣"传统蒸制技法的启发,广西的一家中式快餐连锁店推出"蒸品中餐",几百份饭菜半小时上桌。他们根据蒸气控温原理,引入电脑程控蒸汽柜,保证蒸制食物过程中的恒温、恒压和精准时间,从而解决了中餐无法量化的问题,受到餐饮行业内外的普遍关注。有媒体对此进行报道时,引用专家的话说,蒸是解决中餐标准化"瓶颈"的重要方法。随后,"蒸品中餐"的"复制",被业界普遍看好。

也是由于越吃越认"蒸",杭州的一家饭店,取名"蒸功夫",树立"美味与健康同在"的经营理念,以蒸制技法为烹饪手段,达到食疗食补的养生目的。因此,这家饭店还被称为"蒸功夫养生馆",被视为"长生路、不老里"的地方。在这里,人

8 看不见的火候——蒸

们尽情地为"蒸"评功摆好,夸赞"蒸"里"真功夫":

蒸是以水传热的过程,温和均匀,便于掌握火候;能蒸出原汁原味和食物固有的营养,很少使用"添加剂";蒸对原料的要求严格,不新鲜的鱼是不能蒸的;蒸更适于中餐标准化,能"蒸"出一个量化的平台。

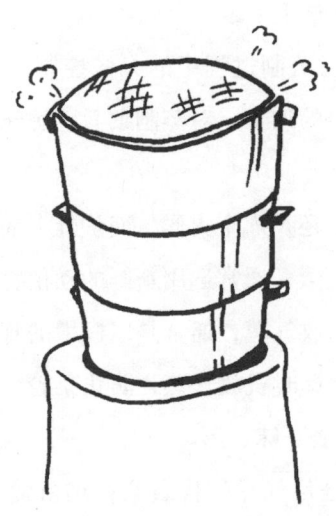

> 蒸笼,也称"笼屉""笼格""笼扇"。一般由竹片、木片制成,也有用铝或白铁皮制成的。扁圆柱形或方形,笼中有箅。可多层重叠,最上层为笼盖。蒸笼有大有小,大者直径数尺,多用来蒸面食,如包子、馒头;小者直径数寸,常用来蒸烧麦、蒸饺、小笼牛肉等菜肴,也可以用蒸笼蒸饭。

还值得一提的是,"蒸功夫"饭店的菜谱也与众不同,在《"蒸功夫"养生口诀》中写道:"已饥方食,未饱先止;物熟才食,水沸方饮;饭前啜汤,胜似良方;多用蒸煮,少吃煎炸,五果为助,五谷为养,五畜为益,五菜为充;心病忌咸,胃病忌甜;筋病忌酸,气病忌辣;荤素搭配,食性要杂;食养功夫,尽在其中。"这个"口诀",是他们制作美味佳肴的理论依据。"营养型厨师"在这里汇聚。

古往今来,对蒸制过程中的火候控制,对蒸气热量大小的运用,对蒸制原料的加工,对蒸制菜肴色香味形的讲究,无不在"看不见的火候"上下功夫。

炉灶里的火候还是那个火候,而炉灶上面却有"足气蒸"和"放气蒸"。足气蒸,通常选用新鲜的动植物原料,放到饱和的蒸汽中加热至熟;放气蒸,通常是以极嫩的茸泥、蛋类为原料,在蒸制过程中,掌握时机放气蒸,防止菜肴变硬、鲜味减少,甚至起泡,影响色、香、味、形。

清蒸鲫鱼,是足气蒸的代表菜;鸡蛋羹,则是放气蒸的代表菜。

9
不到火候不揭锅

烹饪火候

2008年,《市场报》报道了餐饮行业的一位成功人士,他是陈先生,靠蒸包子取得了成功。

开始,陈先生用很少的本钱,在街头支起个包子摊。没几年工夫,就变成了百十平方米的包子铺。他的成功秘诀,除了包子的配料和制作有独到之处,还经常去天津的狗不理、北京的馄饨侯等名店,到那里访名厨、学厨艺,为的是盯住火候,什么时间起锅最好——"不到火候不揭锅"。

揭锅,其实是揭锅盖。

锅盖用于盖锅,是古已有之的炊杂具。锅盖的大小随锅而定,有全盖和对开盖两种。旧时,锅盖多为木制,也有以竹、高粱秆编制的。用高粱秆编制的锅盖,俗称"盖鼎""盖帘儿""锅拍儿""锅篇儿""拍子帘""浅子",多为圆形,大小不一,也用于水缸盖、盛物,如放饺子。

铝锅出现以后,锅与锅盖已配套生产。现在的很多锅盖选用钢化玻璃制作。钢化玻璃,又称"强化玻璃",运用普通玻璃加热后急速鼓风冷却的原理制成,玻璃强度提高4~5倍。以钢化玻璃为原料制作的锅盖,有很好的光亮度、清洁度,还有很强的透明度,便于透过锅盖观察锅内的"火候"变化。

尽管锅盖提高了"透明度",但仍需认真看好火候,"不到火候不揭锅"。使用高压锅,中途不能揭开锅盖,免得食物爆出

9 不到火候不揭锅

烫人；确认锅已冷却之前，不能取下重锤或调压装置，免得喷出食物伤人。高压锅必须冷却后才能揭开锅盖。

锅盖与火候的关系特别密切。在盖上锅盖之后，有时还要特意加以密封，有时则需要留出一个放气的缝隙。蒸、煮、焖、炖等好多种烹饪技法，都是离不开锅盖的。所以，司厨者应具有恰当利用火候的本事，做到"不到火候不揭锅"。

《做菜不一定用锅盖》，这是2007年5月28日《市场报》上一篇文章的题目。文中写道："饭店的专业厨师做蔬菜类菜肴时，从来没有盖锅盖的习惯，但是在我们很多普通百姓的家中，不少人买了砂锅，因没有配套的锅盖，还专门去配一个。理由很简单，做菜时盖上盖'焖'着，不但菜熟得快，而且省时又省火。其实，这种做法是不可取的。"

该文进一步指出不用锅盖的好处："如果炒菜时盖上锅盖，火候不容易掌握，加热时间短则不熟，时间过长菜又太软烂，很难把握其脆嫩又断生的要求。另外，蔬菜中大多含有称为有机酸的物质，蔬菜的品种不同，含有机酸的种类也不一样。常见的有机酸种类有草酸、乙酸、氨基酸等。这些有机酸，有些对人体有益，有些则对人体有害，烹调时必须将有害部分的有机酸去除。用什么方法呢？一个有效的方法，就是在烹制蔬菜的时候敞开锅盖，并适当进行翻炒。这样，对人体有害的有机酸便会很容易地随之挥发出去。"

在烹饪实践中，不加锅盖的"炒"，是最为常用的烹饪技法。因此，当有人问及对方的职业时，常听见厨师这样回答："我是炒菜的。"

烹饪火候
PENGRENHUOHOU

炒菜"不到火候不出锅",蒸菜"不到火候不揭锅"。这里的"不出锅"和"不揭锅",如出一辙。下面谈谈炒制技法不一样的火候:

生炒,是历史最为悠久的炒制技法,得名于原料只限生料。生炒的菜肴,以嫩见长,这除了原料自身天然生成的质嫩以外,还在于"旺火热油、生炒速成"的火候功夫。在生炒时,生料一下锅,油温立刻下降。这时,火力一定要跟上,让油升温,保证生炒所需的热量。在生炒的基础上,炒制技法不断发展。炒法不同,在火候掌握上也不一样。

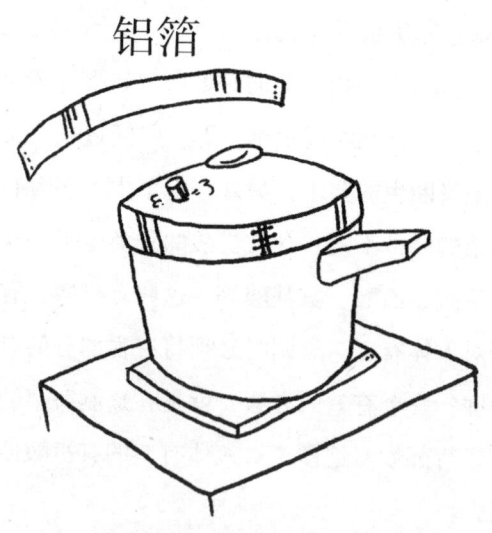

将锅和锅盖接缝的地方密合

9 不到火候不揭锅

干炒,也称"干煸",是炒制技法中用火时间最长的。干炒始终用中小火力,以较低的温度,把原料中的水分缓慢地逼出、蒸发,从而获得酥脆的效果。有的原料要炒数百次之多,是炒制时间最长的炒法。为了节省干炒的时间,有的在干炒之前油炸一次,然后再干炒。干煸牛肉丝,就是这样干炒出来的。

软炒,也称"水炒",使用文武火。软炒是以牛奶、鸡蛋等液体原料为主料,加入辅料和调料拌匀,分别用油或汤水炒制,凝结成菜。这种炒法,火力太大容易烧焦,火力太小不易炒透,必须是文武火——中小火。炒鲜奶和水炒鸡蛋,都是软炒的代表作。

爆炒和滑炒,用火时间最短。爆炒腰花,即极其快速地炒出腰花。滑炒里脊丝,上浆和低温滑油之后,只用10~20秒的时间,在旺火热油中回炒成菜。

炒制菜肴,虽然有的以秒计时,但也必须"不到火候不出锅"。同此道理,北京一家私房菜馆的"老酒煨肉",运用大火、中火、小火,连续煨制9个小时——"不到火候出揭锅"。

写到这里,顺便带一笔,笔者是在写作并出版《烹饪刀工》和《烹饪技法》之后,才到了推出《烹饪火候》的"火候"——也是"不到火候不揭锅"。

10

蒸鲢煮鲫炖黄鳝

10 蒸鲢煮鲫炖黄鳝

1994年,《烹调知识》杂志选登的《饮食谚语》中,有这样一句:蒸鲢煮鲫炖黄鳝。

鲢鱼要蒸,鲫鱼要煮,黄鳝要炖。鲢、鲫、鳝,都是常用的鱼类烹饪原料;蒸、煮、炖,都是常用的熟食烹饪技法。"蒸鲢煮鲫炖黄鳝"这句饮食谚语,告诉人们一个道理:不同的原料,运用不同的技法,菜肴才能取得恰当的火候。

烹饪原料种类很多,质地的老嫩、脆韧程度都不一样,所需的火力和时间也不一样。比如,"爆三样"中的猪肝、猪腰、鸡胗,应根据它们的性质分别加热,先鸡胗,后猪腰,再猪肝。不然,就会出现老嫩不一,生熟不均。又如,"土豆烧牛肉"中的主料是土豆和熟牛肉,配菜是菠菜叶。土豆含有淀粉,烹制前要放入油锅炸一下,然后再与熟牛肉一起烧制。主料烧好之后,另换一个锅,把水烧开,放入菠菜叶焯一下,再放入主料合制,使菠菜晶莹翠绿,牛肉紫红,土豆焦黄,色泽鲜艳协调。如果不是有区别地进行"炸土豆""焯菠菜""牛肉预制成熟",三种原料同时下锅,就会生熟不一,老嫩不均。

不同的烹饪火候,对于烹饪原料的由生变熟,对于各种菜肴的色、香、味、形,都至为重要。一般来说,嫩、软、脆的原料,用旺火;老、硬、韧的原料,用中火、小火;碎小的原料,用旺火;形整块大的原料,用中火、小火。用旺火是"抢

烹饪火候

火候",用中火、小火,是重"火功"。

从烹饪原料的初步熟处理开始,人们通常利用焯水、过油、走红、汽蒸、制汤等技法,使原料成为半熟或刚熟状态的半成品,为接下来的菜肴制作做好准备。

1. 焯水。把原料放到锅里,通过水加热,半熟或刚熟时,取出待用。同样的蔬菜,焯水的火候却不一样:萝卜、山药、土豆,需下入冷水锅后加热——冷水焯;芹菜、莴笋、青椒、青菜,需下入沸水锅后继续加热——沸水焯。植物性原料焯水后,能去除土腥味、涩味、辣味、苦味;动物性原料焯水后,能去除血污和腥、膻、臊、臭等异味,烹制时不出污沫。

不同的原料,运用不同的技法,菜肴才能取得怡当的火候

2. 过油。把原料放到油锅里，加热致熟或炸制半成品。通过"过油"，驱散原料的表面水分，保持色泽。油温对原料具有干燥凝固作用。一些香味原料，在高油温下能分化散发出香气。一些经过刀工处理的韧性原料，在高温下还能形成球形、扇形等各种形状。

3. 走红。把原料放到有色调味品中加热，或在原料表面涂上调味品后油炸。例如，卤汁走红，先用旺火烧沸，再改用小火加热，调味品和颜色缓缓渗入原料，火候不能过大，防止鲜香味散失；过油走红，一般油温掌握在六成左右，均匀炸制，有利于成熟和着色，防止出现焦点、花斑色；烟熏走红，采用密封方法，火候控制适当，防止熏制不匀；烤制走红，先进行焯水处理，烤制时掌控好火候，使原料均匀受热。

4. 气蒸。把原料放到蒸笼里，蒸制成半熟或全熟的半成品。例如，通过旺火沸水长时间气蒸，使鱼翅、干贝、海参、蹄筋等干料得到涨发；通过中火沸水的缓慢蒸制，对香酥鸭、八宝鸡、软炸酥方、姜汁肘子等菜肴进行半成品熟处理。蒸制时，如发现蒸气过足，应减少火力或在笼盖处露出缝隙放气，降低温度和气压。

5. 制汤。把含有可溶性营养物质的原料放到锅里，用水煮制，制成鲜美的汤，以供烹制菜肴之用。这里所制的汤，是"原料之汤"。有加热3个小时左右的白汤，有加热5个小时左右的清汤。加热时，既要防止火候过大，又要防止火候过小。火候过大，白汤水分蒸发快，会产生不良气味；清汤变成乳白色，失去澄清的特点。火候过小，白汤震荡作用力弱，脂肪不能充分乳化,汤汁不白不浓,滋味也不鲜美;清汤则影响汤汁鲜醇。汤面打沫也应掌握好"火候",汤汁90℃~100℃时,打沫最为适宜。

经过初步熟处理,使原料达到所需要的质感和成熟度,并能把不同原料的成熟时间调整一致。随后,在制作菜肴时,再根据原料所需要的火候特点,选择合适的烹饪技法。

动物性原料。猪、牛、羊、鸡、鸭、鱼等,对火候要求,有所不同:过分煸炒,肉质变老;炖肉煮烂,小火为佳;牛肉老韧,勿用旺火,蒸鱼炸鱼,忌用慢火;煮蛋时间,不宜过长。

植物性原料。按照蔬菜的构造和食用部位,分为叶菜类、茎菜类、根菜类、果菜类、花菜类、食用菌类。一般来说,新鲜蔬菜应旺火速炒,而不宜微火慢炒。旺火速炒,蔬菜中的维生素少受损失,能保持菜肴色泽翠绿,质地脆嫩,口感舒适,还能避免蔬菜组织失水过多,防止锅底菜肴受热过度。

11
不同的火候，
不一样的蒸法

"将加工好的原料放入蒸笼内,用大小不同火力产生强弱不同的蒸气使原料成熟。"这是《中国烹饪技法集成》对蒸制技法的定义。

原料放入蒸笼以后,用蒸气加热,不能随意打开蒸笼。因为看不见蒸笼里的情况,掌控火候的难度更大。在长时间蒸制的时候,一旦水分蒸发干,蒸笼就会焦煳。要想准确掌握蒸笼内"看不见的火候",必须掌握以下几种火候和蒸气变化:

1. 旺火。气量充足,气体猛力直上,能形成最高的蒸气。适用于蒸制只熟不烂的菜肴,短时间内蒸熟即可。如果"欠火",蒸制时间过长,菜肴粗糙,变老。

2. 中火或稍旺的火。气量较足,热能较高,用火时间较长。适用于蒸制质感较烂的菜肴。体大形整和质老难熟的原料,只有较长时间蒸制,才能使其软化、变酥。如果"过火"或"欠火",菜肴老韧发艮。

3. 中火或小火。气量较小,能保证原料成熟所需的热量。适用于蒸制质地细嫩的花色菜肴。如果"过火",就会影响菜肴质量,特别是影响菜肴形状。

由于火候不同,蒸制技法也不一样:

1. 清蒸。清蒸菜肴,原形原色,汤清汁鲜,质感细嫩。因此,需旺火,沸水,足气,使菜肴速成。湖北的"清蒸武昌

11 不同的火候,不一样的蒸法

鱼"、江苏的"清蒸鲫鱼"、广东的"圆盅清蒸鸡",都是清蒸菜肴的名品。筵席上以山珍海味为原料的高档菜肴,大多采用清蒸的技法。相对来说,清蒸的蒸制时间较短,原料中的胶原蛋白不会全部分解,也就不会出现"蒸化了"的问题。为了防止蒸锅里的水很快熬干,旺火把水烧至沸腾后,改用中火,保持水沸状态和蒸笼内满气即可。

2. 粉蒸。粉蒸菜肴,是以米粉为配料蒸制的菜肴。粉蒸是对清蒸的一个重大突破。米粉虽然是配料,但与肉类原料配合之后,相融无间,相得益彰,减轻了油腻,保持了鲜香,使原本无味的米粉也变成了美味,甚至有"米粉蒸肉,粉比肉香"的

扣肉,形状整齐美观,色泽红润,口味醇厚,诱人食欲

说法。在江苏，有"荷叶粉蒸肉"；在四川，有"粉蒸小笼牛肉"；在湖北，还有"粉蒸之王，独数沔阳"之说，称赞江汉地区的粉蒸菜更为出名。粉蒸菜肴，根据原料质地老嫩，确定火候和蒸制时间，通常采用旺火、沸水、足气。

3. 花色蒸。花色蒸制的菜肴，也称"花色菜"，是蒸菜中的佼佼者。形态绚丽多姿，滋味清香纯正，质感鲜嫩柔软。"花篮蛋""莲蓬豆腐""兰花鸽蛋"等花色菜，菜名就与众不同，能给人一种艺术观赏的吸引力。集饮食营养与艺术观赏于菜肴之中，更需要高超的蒸制功夫。以"兰花蒸蛋"为例，《烹饪技术》对这道菜的火候要求是："必须用中火蒸制，蒸气不能足，屉内温度不能过高。"在这里，对火候使用了"必须"两个字，可见要求之严格。

上述三种蒸法——保持原味的"清蒸"，互相渗透入味的"粉蒸"，保持菜肴花色造型的"花色蒸"，基本概括了蒸制菜肴的整体技术内容和特色。由于火候、原料和器皿的变化，蒸制技法还有许多分支：

1. 糟蒸。原料调味时，加入糟卤或糟油，使菜肴具有特殊的糟香味。糟蒸适用于鲜嫩的禽类和鱼类原料。代表菜：糟蒸凤爪、糟蒸鸭块。

2. 包蒸。原料调味后，用菜叶、玻璃纸或荷叶包裹后，放入笼屉蒸熟。包蒸能保持菜肴鲜嫩，原汁原味，醇厚香浓。代表菜：菜包虾仁、荷叶鸡柳。

3. 竹蒸。原料调味后，装入竹筒，放入笼屉，蒸熟。包蒸菜肴，原汁原味，清鲜可口。代表菜：竹筒三鲜、竹筒鸡条。

11 不同的火候,不一样的蒸法

4.扣蒸。原料装入器皿时,将整齐美观的正面朝下,成菜后另取器皿覆扣。扣蒸菜肴,形状整齐美观,色泽金黄或红润,口味醇厚,诱人食欲。代表菜:芽菜扣肉、扣肉。

5.上浆蒸。原料用蛋清、淀粉上浆后蒸制。上浆蒸菜肴,光润悦目,汁多滑嫩。代表菜:三丝鱼卷、彩色鳜鱼。

蒸制菜肴,各具特色。火候运用,至关重要。火候甚至决定味道。糟蒸菜肴,如果用火时间过长,糟卤就会失去特有的香味,反而成为令人难以下咽的酸味。

12

玩水不玩火

12 玩水不玩火

打开2008年第2期《中国烹饪》杂志,"卷首语"的标题挺"好玩"——《玩菜的厨师》。顺着标题往下看,文末向读者提出建议:"不妨学学玩菜玩火了自己手艺和企业的厨师,让自己也成为玩菜的厨师。"如此"玩菜",的确值得玩味……

俗话说:"不同的人玩不同的鸟。"干厨师这行,把烹制菜肴当成一种兴趣盎然的玩,玩出技术来,玩出文化来,玩出境界来,也就真的玩出彩了!

拿蒸制菜肴来说,厨行早有"玩水不玩火"的经验之谈。通过"玩水",达到准确掌握火候、正确利用火候的目的。以最为常见的蒸鱼为例,除鱼必须新鲜之外,就要看"玩水"的功夫了:

第一步,锅内放水,以八成满为宜。水过多,沸腾后,蒸制的鱼受到冲击,会影响鱼的色、香、味、形。

第二步,锅内之水,旺火烧开,热气腾腾,气体充满蒸笼,达到饱和点时,才能把鱼放到笼屉里。气不满时放入鱼,既延长蒸制时间,又影响鲜嫩,还有鱼腥味。

第三步,鱼放入蒸笼之后,始终保持旺火足气。除了盖紧笼盖,还要在漏气、跑气的缝隙上围以湿布。整个蒸制过程中,不能掀盖,不能漏气。

第四步,严格控制蒸制时间,以蒸至断生为度。蒸制时间过长,鱼质会因为"过火"而变老发木,出现"干锅"现象,不仅失去菜肴风味，甚至会造成蒸制失败。

曾有这样一幅漫画：蒸笼里冒出蒸腾的热气，厨娘用筷子将蒸笼里的鱼夹起，举得高高，可读者依然看不清那是一条完整的"清蒸鱼"。张大了嘴的厨娘，更是一脸的痛苦状。图下的文字是："用弱火蒸鱼，会将鱼蒸烂。"这个"烂"，不是"熟烂"的"烂"，而是"破烂"的"烂"。

写及"玩火"烹制鱼馔，不由得忆起一篇怀念谭家菜大师彭长海的文章——《他说：蒸是中国烹饪第一要方》。

文中提到，彭长海以厨师长身份，率领北京谭家菜代表团，于1987年赴美国巡回表演，获得一片喝彩。所到之处，彭大师大力宣传中餐的"玩水"功夫："人们都说'千滚豆腐万滚鱼'，其实也有例外，鲅鱼滚的时间越长，肉就越紧，越老，不如旺火清蒸来的鲜嫩，再蘸上姜汁吃，味道就更独特。"

彭大师进一步为蒸制技法的"玩水"评功摆好："蒸，原料隔火隔水，十分卫生，最能保持原料的原汁原味。特别是鱼、蟹，最适宜用蒸的技法。在各种烹饪技法中，蒸应该排在第一位，是中国烹饪的第一要方。"

蒸，被称为"气蒸法"。"气蒸法"又可分为两种蒸法：一是"足气蒸"，二是"放气蒸"。这两种蒸法，都是以水蒸气作为传热介质，也就是"玩水不玩火"。在利用水蒸气的时候，区别在于"足气"和"放气"。

足气蒸，是将生料或经过加工的半成品装于盘中，有的需加入调味品、汤汁或清水，在锅内水沸滚时，放入高于水面的笼垫上，盖严锅盖，不漏气，原料的蛋白质和脂肪组织在很短时间内

12 玩水不玩火

凝固，断生时出笼，既能保持鲜嫩，又不散失香味。清蒸鲫鱼，在蒸笼内水沸气满时，将加工好的鱼放入笼蒸，旺火足气蒸15分钟即熟，肉质鲜嫩，口味鲜美。

放气蒸，是在蒸制的时候加盖，但不盖严，留有缝隙，或在笼内气量过足时掀盖放气，使部分蒸气逸出散发，减少和防止对菜肴的冲击，从而保持菜肴的形状不被破坏。这个时候，虽然蒸锅下的火力依然，但锅上面通过"玩水""放气"，起到了调控火候的作用。所以，形式上是"玩水"，实质是在"玩火"。蒸发蛋、蒸蛋糕、蒸鸡蛋糕、酿制菜肴，都必须"放气蒸"。蒸鸡蛋糕时，锅水沸腾、气足之后，适时放气，蒸出来的鸡蛋糕质嫩

适当放气，蒸出来的鸡蛋糕质嫩味鲜

味鲜。因为鸡蛋的蛋白质受热85℃左右时，就会凝固成硬块状。鸡蛋糕蒸制时间过长，笼屉里的水蒸气过足，鸡蛋糕就会变硬，甚至起泡有孔，失去鲜味。

通过"玩水"掌控火候的蒸制技法，广泛应用于中餐烹饪。很多时候，还要同时蒸制多种菜肴。在这种情况下，合理使用蒸笼，也有不少窍门。

汤汁少的菜肴放在上层笼格，汤汁多的菜肴放在下层笼格，防止上层菜肴的汤汁溢入下层菜肴，影响下层菜肴质量，淡色菜肴放在上层笼格，深色菜肴放在下层笼格，防止上层菜肴汤汁溢入下层菜肴，影响下层菜肴色彩；不易成熟的菜肴放在上层笼格，易成熟的菜肴放在下层笼格，因为热气向上走，上层笼格的热量高于下层笼格；不管放在哪个笼格里的原料，都不能压得太紧、太厚，防止影响原料均匀受热。

13

大火煮粥，小火煨肉

烹饪火候

"大火煮粥,小火煨肉",这是连家庭主妇都常挂在嘴边上的烹饪谚语。可见,做饭烧菜的火候,多么重要,多么普及。

且说这"大火煮粥"的"煮"字,下边有四个点儿。文字专家说,这些点儿,是由"火"字讹变而来的,因为煮东西需要火。字典里,有不少下边带四个点儿的字,用以表示火,如煎、熬、热、然。也有表示其他意思的,比如:繁体字"魚、燕、鳥",下边的四个点儿,是表示这些动物的尾巴。

煮,离不开火。古人曾为此留下一个"七步成诗"的故事。曹操的儿子曹丕命令曹植在七步之中作一首诗,作不出诗,便要砍头。曹植想到"煮豆子"用"豆秸"作燃料,同"根"相生,却互相"煎熬",便以此比喻亲生兄弟之间不应该互相残杀,立即作诗一首:"煮豆燃豆萁,豆在釜中泣。本是同根生,相煎何太急。"

还有一个历史故事,说的也是烹饪用火。王安石少年时在桦林书舍求学,学生轮班煮饭。有一天,王安石通宵苦读,旭日临窗时,仍抱书守在如豆的油灯前。这时,没能按时吃到早饭的同学来找他,他才记起今天该是自己值班煮饭,便急忙跑进厨房,却发现火种已熄灭,又急忙跑到山下村庄借火。半晌过后,王安石满头大汗拿着火种回来。老师忍不住笑,说:"你舍近求远,难道你案上那盏亮着的灯不能取火?为什么非要下山借火呢?"

13 大火煮粥，小火煨肉

王安石看到书案上还点燃的油灯，这才醒悟过来。就在王安石下山取火的时候，老师和同学已替他将饭煮好。老师让他快去吃饭，并提出一个"处罚"决定：让王安石作一首以"误炊"为题的五言诗。王安石不好意思地笑了笑，接着吟咏起来："苦读天已晓，日高竟忘饥。早知灯有火，饭熟已多时。"后来，王安石"读书已入迷，忘记灯有火"的故事，流传了下来。

曹植的"煮豆燃豆萁"和王安石的"误炊"，两个故事讲到同一种烹饪技法——煮。古人通过煮制技法掌控和利用火候，在烹饪古籍中多有记载，代代相传。

据《礼记·内则》记载，先秦时期的羹、汤，大都使用煮法

煮饺子要水多，蒸包子要火猛

制作。周代"八珍"之一的"炮豚",最后一道工序,便是以清水为传热介质,在鼎中煮制。

《山家清供》记载,两宋时,煮法有所发展,除了菜肴"以活水煮之",还有"酒煮法":把菜肴原料洗净之后,先以"水煮少熟",再用"好酒煮"。

《调鼎集》中也记载,清代出现"白煮",是把主料直接放入清水中煮熟。煮制时,为了去除腥、膻等异味,只加入料酒、葱、姜等,不加入其他调味料。食用时只捞出主料,经刀工处理后装盘,再浇调味汁或蘸调味汁吃。北京的白肉片、广东的白云猪手、黑龙江的清煮咸大马哈鱼,都是白煮的名菜。白煮,还包括面食制品的煮面条、煮饺子、煮馄饨、煮元宵等。

如今,不同版本的烹饪工具书,比《调鼎集》多了两种煮法:汤煮、卤煮。

汤煮,是把主料或半成品直接放入鸡汤、肉汤、白汤或清汤之中,煮至成熟。汤煮与白煮不同:"汤煮"是"汤","白煮"是"水";"汤煮"是汤与主料一起食用,"白煮"是浇调味汁或蘸食调味汁食用。汤煮的名菜有:开封的银煮肺、扬州的鸡汁煮干丝、四川的生烧连锅汤。

卤煮,是以卤汁或豆豉等为调味料,把主料或半成品煮熟。卤煮菜肴,主料与汤一起食用。卤煮的名菜有:四川的夫妻肺片、北京的卤煮火烧、河南的卤煮鸡鸭腰。

在煮制技法继承和创新的历史进程中,民间广泛流传"大火煮粥,小火煨肉"的烹饪谚语。大火把水烧开,米才容易开花。米与米之间、米与水之间、米与锅壁之间,产生均匀而又

13 大火煮粥，小火煨肉

有足够力度的碰撞，米粒一点一点糊化起来，粥汤一点一点浓稠起来，米香也会一点一点渗透出来。

其实，不仅"煮粥"需用"大火"，煮制一切烹饪原料，起始的火候都应是"大火"。所以，《中国烹饪百科全书》给"煮"下了这样的定义："原料加多量汤或清水，旺火烧沸转中小火加热成菜的烹调方法。"

14
千滚不如一焖

14 千滚不如一焖

"千滚不如一焖",指的是烧饭做菜的火候,也是一句使用频率很高的烹饪谚语。但是,与烹饪谚语"大火煮粥,小火煨肉"相比,"千滚不如一焖"算不上流传久远。因为"焖"是由"烧""煮""炖"演变而来的。它是烹饪技法的"后来者"。

经过烹饪史专家的考证,"焖"的来龙去脉大至如下:宋代,《吴氏中馈录》在"治食有法"中写道:"煮诸般肉封锅口……易烂易香。"这是焖制技法的初始。似煮非煮,由煮演变出焖制技法的特征:焖时加盖,严格密封,甚至将盖缝糊严,以保持锅内恒温的"火候",促使原料酥烂。

元代,在《居家必用事类全集》里,对焖制技法的记载更多,也更具体。例如:"羊肉滚汤下,盖定慢火养";"瓦盆盖,纸糊合缝,勿走气";"盘盖定,勿走气";"盘合封闭,慢火养熟,其骨皆酥"。

明代,《遵生八笺·饮馔服食笺》开始出现了"闷"字:"蒲盖闷,以肉酥起锅食之。"

清代,"闷"字应用渐多,同时出现了"焖"字。《随园食单》记载了烹饪技法的"闷"和"焖":"塞充鸭腹,盖闷而烧";"用肥鸭斩大方块,用酒半斤,秋油一杯,笋、葱花焖之,收卤起锅"。《调鼎集》中也记载了菜名里的"闷"和"焖":"闷鸡""闷羊肝丝""闷荔枝腰""焖猪脑"。

现代的焖,已成为人们最为常用的烹饪技法之一。因原料不同，有生焖、熟焖；因传热介质不同，有油焖、水焖；因调味料不同，有酱焖、酒焖、糟焖；因成菜色泽不同，有红焖、黄焖；因采用的技法不同，有干焖、酥焖、大焖、锅焖、家常焖。这些焖制技法，被人们合并为两大类：原焖、油焖。

原焖。将加工整理好的原料用沸水焯烫或煮制后，放入砂锅，加入调料，再加入没过原料的汤水，烧开，盖紧锅盖。在密封条件下，用中小火较长时间加热焖制，使原料酥烂入味，成菜时留少量味汁。

油焖。将加工好的原料油炸，适量排除原料中的水分，油脂

红焖鸡块

滚白切肉

滚，利用沸汤水最高温度制作"速成菜"。
焖，利用慢火长时间加热制作"功夫菜"。

14 千滚不如一焖

充分浸润后，放入砂锅或铁锅，加入鲜汤和调味品，盖上锅盖，先用旺火烧开，再改用中小火焖，边焖边适量加油，直至原料酥烂成菜。

原焖与油焖，虽然都是焖，但在火候掌握上却是不一样的。

原焖以畜禽肉类和富含脂肪的原料为主，加汤量多，密封，用火加热时间长。原焖菜肴味汁不多。

油焖以冬笋、茭白、茄子、萝卜等蔬菜原料为主，加汤量少，只加盖不密封，边焖边适量加油，使原料逐渐形成一层油膜，起到密封保温作用，用火加热时间较短。油焖菜肴味汁（又叫油汁）更少。

不过话又说回来，原焖和油焖，既然都是焖，也就必然有共同点，从火候的角度来讲，都要经历三个阶段：

第一阶段，用旺火，对原料进行初步熟处理或表层处理，以去除异味，原料上色。

第二阶段，用小火或微火，使原料蛋白质及风味物质溶于汤汁中，并使原料酥软入味，卤汁稠黏，体现焖菜特色。

第三阶段，用旺火，收稠卤汁，并在加热过程中注意旋锅，防止粘底。

总起来说，焖制技法一般适用于用畜禽肉等坚实荤料，用小火，加热时间较长，所以焖制火候被称为"柔性火候"。柔性火候没有刚性火候的冲击性，以较低的固定恒温热量，不断向原料内部渗透，经过较长时间的渗透加热，使原料组织变性、分解，溢出鲜香滋味。

采用焖制技法，除少数菜肴需加入少量湿淀粉以增加汤汁浓度之外,一般主料不挂糊,菜肴成熟后也不勾芡,只需一次性加足鲜汤,全靠火候自然收汁,芡汁少而紧。

焖制的肉菜,色泽酱红,形状整齐,质感松软酥烂,卤汁稠浓味厚。焖制冬笋、茭白、萝卜等蔬菜,滋味醇厚,柔软酥嫩。

如果将焖和烧两种烹饪技法进行比较,就会发现,它们的主要区别在于火候——焖比烧用火时间长。以上海名菜"红烧鲖鱼"为例,因为原料含有丰富的明胶蛋白质,再加上调味料中有较多的糖,即将成菜时,卤汁浓腻似芡,成为"自来芡烧",便依据"卤汁"将其列入烧制菜肴之中。其实,这道菜要烧45分钟到1小时,就其长时间用火来说,归入焖制菜肴,称为"红焖鲖鱼",也是实至名归的。

由此可见,"千滚不如一焖",是"滚"与"焖"两种烹饪技法的比较,它们的主要区别却在于火候:滚,利用沸汤水最高温度,制作"速成菜";焖,利用慢火长时间加热,制作"功夫菜"。前者用火时间短,后者用火时间长,火候自然也就不一样。

15 鲶鱼炖茄子，香死老爷子

15
鲶鱼炖茄子，香死老爷子

烹饪火候

俗话说:"鲶鱼炖茄子,香死老爷子。"这是为什么呢?除好鱼佳蔬的合理配伍之外,还在于这是一道"储香保味"的"火功菜"——得益于炖。

运用炖制技法,是将原料放在封闭严密的炊具中,用小火长时间加热,虽费火费时,却能凸显火候功夫:原料组织变性分解,鲜味物质酯化,鲜香味和原汁不易向外散失,储存香味,保持原味。

炖制菜肴经历了漫长的演变过程,从一个侧面证明了烹饪火候的精益求精。

清代以前,一些煮制的菜肴,便已具有了炖制的特征。

清代开始出现炖制技法的记载,但所使用的文字却没能"一次到位"。最初,"炖",被写成"顿"。如《食宪鸿秘》中记载有"顿豆豉""顿鸡""顿鲟鱼""蟹顿蛋"。

原以为"顿"与"炖"的含义相差甚远。笔者翻阅《辞海》,方才得知,古代的"顿"与"钝"通用,因此也就有理由认为,"顿鸡""顿鲟鱼""蟹顿蛋"的"顿",是与"炖"通用的。

此后,烹饪古籍中又出现了"饨鸭",使用了"馄饨"的"饨"。

到了清代乾隆年间,烹饪专著《调鼎集》问世,才以"炖"取代了"顿""饨",并从此固定下来。《调鼎集》中,有红

15 鲶鱼炖茄子，香死老爷子

炖、干炖、葱炖、酒炖、白糟炖、神仙炖……

清代著名的"满汉全席"，把满族和汉族的名吃集于一席，是闻名天下的大宴。在这个大宴上，有一道"清炖肥鸭"的大菜，特别强调正确运用火候。《中国名吃故事》在讲述"清炖肥鸭"的火候时，这样写道："因为做的时候太费时间，清宫除非十分重大场合，一般情况下不太做这道菜，虽然知道这道菜的人很多，了解制作过程的人却很少，特别是在掌握火候上，更是御膳房的秘密，会做的人就更少了。"

火候，对于确保炖制菜肴质量，的确太重要了。最为常用有的3种炖法。

1. 隔水炖。把原料放入容器内，加以密封，置于水锅中，长时间加热，一般要炖3个小时以上。

2. 不隔水炖。把原料放入砂锅中，加入没过原料的水，加入调味料，旺火烧开后，用小火炖。一般要炖两个小时左右。

3. 侉炖。把挂糊过油预制的原料放入砂锅中，加入定量的汤和调料，旺火烧开后，用中小火炖。侉炖在炖制技法中用火时间最短：一个小时左右，有的只需几分钟。

利用不同的炖法，采取不同的火候，才能炖出不同的美味佳肴。被称为"卫嘴子"的天津人，好吃，会吃，也肯在吃上用心思、下功夫。每年从腊月二十六至二十八，天津人准备年饭年菜，总是把"炖大肉"作为过年的"第一大菜"。炖出一锅香喷喷的大肉放着，人们心里才踏实。年前吃它解馋，年中吃它方便，年后吃它下饭。他们年复一年，"二十六，大炖肉"。这已成为天津人代代相传的饮食风俗。

天津以北,东北人则给饮食市场提供了平常日子里的炖制佳肴:乱炖。天气一变冷,东北人更喜欢吃热热乎乎的菜肴,外御严寒,内暖身子。因此,红色的西红柿、黑色的蘑菇、蓝紫色的茄子、橙黄色的南瓜、绿色的青椒、白色的土豆,还有切成大块的猪肉等,各种原料一股脑儿混在大铁锅里,炖好之后,菜菜汤汤都好吃,口味独特,营养丰富。

"乱炖",最初叫"东北乱炖",因起源于东北地区。"乱炖"之"乱",特指食物多样。东北名菜"猪肉炖粉条",加入酸菜,就成了"猪肉酸菜炖粉条",再加入一种或多种原料,就成了"乱炖"了。"乱炖"的特点是:原汁原味,汤菜兼有,汤醇菜鲜,菜烂汤热,营养丰富。

在制作"乱炖"菜肴时,合理投放原料的顺序,成了人们恰当掌握火候的一个补充办法。

投料讲顺序,火候有保证

16

透过水煮鱼的"标准之争"看火候

烹饪火候
PENGRENHUOHOU

水煮鱼,这道鱼类菜肴,因为有人给它制定了一个制作标准,在餐饮业引起一场菜肴标准的激烈争论,也因此给重视烹饪火候又加了"一把火"。

让我们先来认识一下水煮鱼。它是川菜中的一道名菜。正因为有名,才更引起人们研究的兴趣,也就有了更多的是是非非。光是它的来历,就有三个不同的版本:

有人说,水煮鱼是一位川菜世家的厨师发明的。这位厨师在1983年重庆举办的厨艺大赛上,以创新的烹饪技法,制作"水煮肉片",赢得评委们一致好评,色泽、品相、口味,无不超凡脱俗,给了个最高分。这位获奖厨师在用这道"大奖菜"招待前来祝贺的亲朋好友时,出现一次例外:因为客人忌食猪肉,便将"猪肉片"换成"鱼肉片",而"水煮"的烹饪技法不变,制成之后,第一款称为"水煮鱼"的菜肴就诞生了。

也有人说,水煮鱼的前身是火锅鱼。选用10斤左右的肥鱼,片成巴掌大的鱼肉片,放入炼铁般烧得绯红的大铁锅里,旺火煮熟,热腾腾,红艳艳,盛入盆中,端上餐桌。一圈人围着这个大盆,吃了都说好。饭馆也积极引进,可饭馆不方便架起一个大铁锅,人少也吃不了那么多鱼,便改用小锅、小鱼,名曰"水煮鱼"。

还有人说,水煮鱼源自一则寓言故事。一天,鱼对水说:

16 透过水煮鱼的"标准之争"看火候

"我哭了,可是你看不到我的眼泪,因为我在水里。"水说:"我能感觉到你的眼泪,因为你在我的心里。"鱼说:"我永远不会离开你,否则我将无法生存。"水说:"我不会放你走,否则我会很寂寞。"于是,为了这"鱼水之情",人们发明了一道菜——水煮鱼。

不管怎么说,水煮鱼是越"煮"越火,光是"水煮鱼的故乡"重庆市渝北区,就有经营水煮鱼的餐馆1500多家,以至出现了"水煮鱼一条街"。走出四川的"川菜馆",几乎不论"川菜馆"的规模大小,都有"水煮鱼"这道菜,甚至一些街边小铺和食街大排档也把它作为"当家菜",那鱼肉的鲜美,麻辣的厚重,让食客们赞不绝口。甚至有人说,水煮鱼"游"到哪儿,都"畅销无阻"。

在重庆厨艺大赛出现那盆水煮鱼的25年后——2008年,《市场报》《健康时报》《新京报》等食品行业之外的媒体也纷纷报道:从2008年1月1日起,重庆施行了水煮鱼行业标准,还将制定并施行水煮鱼地方标准,还准备申报水煮鱼国家标准。重庆市渝北区专门举办了"水煮鱼之乡文化建设论坛",准备建立"水煮鱼之乡网站"……

水煮鱼也要有"国标"了?围绕这一"标准"的争论,从"当面锣、对面鼓"发展到纸媒体、互联网、广播、电视,又由业内扩展到业外。支持者觉得,制定水煮鱼标准可以促进行业健康发展;反对者认为,美食不是靠制定标准来传承的,制定水煮鱼标准不利于菜肴创新。其实,"正方"和"反方",都不无好意。相关的争论,一直在继续……

烹饪火候
PENGRENHUOHOU

一位川菜大师也和笔者聊及此事。在他看来，水煮鱼的"标准之争"，更加凸显烹饪火候的重要。他的看法，有根据，也有见地，特记录如下：

按水煮鱼行业标准，只煮一次的鱼，不叫"水煮鱼"。水煮鱼采用两种导热介质，分别是水和油。进行两次加热：先将鱼片在沸水中氽至三成熟，放入装有黄豆芽或芹菜的器皿中。另将油烧至七成热，放入辣椒、花椒等作料，一起淋到鱼片上。这"三成熟"和"七成热"，全在于火候的严格把握。

据报道，相关人士曾对制定水煮鱼行业标准作过解释："制定水煮鱼的行业标准，只规定辣椒、花椒为辅料，没有规定辣

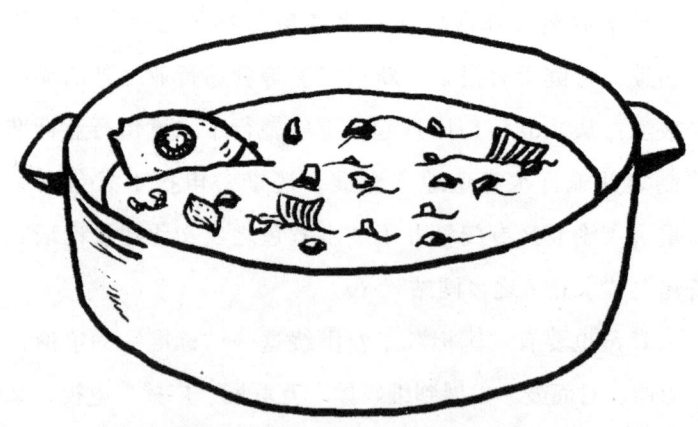

以水和油为传热介质，两次加热的水煮鱼

16 透过水煮鱼的"标准之争"看火候

椒、花椒的数量,不强调麻辣程度。水煮鱼主要在乎先用水煮,再用热油淋的做法。"由此看来,辣椒、花椒的数量是"众口难调"任你调,而"一煮一淋"的"火候",是必须写入标准的。

水煮鱼,这个"煮",是最简单、最质朴的烹饪活动。可是,有关水煮鱼标准一出,引来对"煮"的种种解读。品读一番,很多人都有同感,最重要的是火候:鱼存在于水的空间之中,煮存在于火的时间之中,要想煮出标准的水煮鱼,不能着急,不能懒散,一定要找准火候!

17

"煲三炖四"与"煲二炖三"的火候之变

17 "煲三炖四"与"煲二炖三"的火候之要

丁香煮酒、玄参炖猪肝、大枣煨牛鞭、清蒸茶鲫鱼、枸杞南枣煲鸡蛋……药膳菜谱里的这些菜名，也在告诉人们：药膳采用的烹饪技法，很少有涮、煎、贴、炝，几乎没有炸、熘、爆、扒、拔丝，大多是以水作为溶剂的煮、炖、煨、焖、蒸、煲、熬、卤、烹。

以水为溶剂，有时还要加入醋、酒等其他液体，最后制成"汤"——药膳汤。例如：黄芪羊肉汤、归参牛筋汤、糯米固肠汤、枸杞参芪枣衣汤、麻黄牛肉葱姜汤、砂仁苏梗莲子汤、柏仁猪肝当归汤。

药膳汤，充分体现了药膳菜肴的特点：以食物和药物的原汁原味为主，食借药力，药助食威，既有鲜美口味，又有滋补作用。

食物和药物的有效成分，最大限度地释放出来，需要在受热过程中完成。所以，药膳行业有一种传统的说法："煲三炖四"——烫汤要3个小时，炖汤要4个小时。

如今，人们对"煲三炖四"提出疑问，主张"煲二炖三"——煲和炖各比传统说法减少1个小时。

煲汤和炖汤，都是重火候的汤品，不仅用火时间长，而且强调火候的及时转换。大火、中火、小火，各有不同的功能。大火将食材、药材、汤汁煮沸，把温度控制在沸点，以利于转中火时温度不能下降太多；中火将食材的味道和药材的药效渐渐释出；小火的恒温，将原料彻底软化，汤香四溢。

可见，煲也好，炖也罢，大火、中火、小火，各负其责，绝不是简单的"一煮即成"。司厨者要有十分娴熟地控制火候的功夫。因此，就有了历史传承的"煲三炖四"和当今提倡的"煲二炖三"。

药膳专家说，当今社会，烹饪原料精细化，烹饪技法现代化，制作药膳汤并不是用火时间越长越好。实验也证明，药膳汤用火时间太长，嘌呤溢出就多，容易引起高尿酸血症，也容易引起痛风患者的痛风发作。而且，时间越长，汤就越浓，也越容易刺激胃酸的分泌，对于胃酸过多、胃溃疡、胃窦炎或有胃出血病史者不利。

在"宁可菜无肉，不可食无汤"的广东，一汤在桌，满堂生春。你可以批评一个广东女人不懂做家务，但一定不要说她不会煲汤，因为那几乎是一种污辱。汤汤水水，是广东男女老少日常生活的幸福源泉。煮出一锅上好的"老火汤"，时间和耐心是不可省略的。在这一过程中，听听水，看看火，瞄瞄钟，一切都是为了"老火汤"的火候。

"老火汤"的火候，引起国内外的关注。美国芝加哥大学教授魏尔西说，广东人日常饮用的"老火汤"，由于经长时间的加热及煮沸，不仅汤料中的维生素被破坏殆尽，而且汤水中的有害物含量大增。广东的营养学家和中医则辩称："老火汤"只要不烧焦，就不会破坏营养物质，更不会增加有害物。最后，广东省食品学会的专家出面打了一个圆场："老火汤"在不断加热过程

17 "煲三炖四"与"煲二炖三"的火候之变

中,某些还原性化学物质会将硝酸盐还原成亚硝酸盐,随汤进入人体之内,如果不是长期、经常地饮用"老火汤",或将煲汤时间缩短,对身体还是有益无害的。

或许与上述种种说法不无关系,药膳汤的"煲三炖四"正在向"煲二炖三"发展。在喝汤人面前,煲汤者常会以一句"这汤我煲了两个钟啦(两个小时)"来自夸,可见时间的重要——其实强调的是火候。

周代青铜鼎

如今，已有不少类似"老火汤"的药膳汤，不再走"时间越长越好"的老路，除了上述原因，还在于各种食材的预制：肉，要切得很薄，用生油、生抽、生粉拌制10分钟后下锅，入味快，口感好。有膻味的肉，先在沸水中滚片刻（"飞水"），然后洗净下锅。骨头，用刀背敲裂，骨髓容易溢出。药材的预处理更是不可忽视。例如：把用于养心的田七和鸡膏（鸡的脂肪）用慢火炒片刻，然后将田七冷却、打碎，更有利于田七"去其凉性，通经活络"；用于补肾的杜仲，洒上淡盐水，用慢火炒干，能增强补肾的功力。

食材和药材的预制过程，大都是加热过程。有了这个"前戏"，接下来的烹饪，便可减少用火时间——"煲三炖四"也就可以变成"煲三炖二"了。

这个火候之变，体现了烹饪用火的与时俱进，有利于发挥药膳汤的三大功效：一是佐餐；二是滋补养生，也就是中医讲的"治未病"；三是辅助治疗。

18

"以秒计时"的炒糖色经久不衰

厨师所说的"糖色",也叫"焦糖色",全称"焦糖色素。"焦糖色素,从字面上就能看出来,那是把糖炒焦之后形成的色素。

教科书对"焦糖色素"有专门的解释:"焦糖色素通过糖类热分解或焦糖反应产生。在没有氨存在的情况下,糖被加热到150℃时,就会产生焦化糖的聚合反应,糖经过重组变成复杂的褐色结构。"

教科书说的"糖类热分解"和"糖被加热到150℃",其实就是"炒糖色的火候"。

炒糖色,掌握好火候,非常重要。因为糖的焦化速度极快,从变色到焦煳,只有几秒钟时间。这种"以秒计时"的火候,要做到准确把握,确实难度很大。所以,专业人员为糖色设置了一个又一个测试项目:色度、黏度、比重、起雾点、胶化点、等电点、灰分……

炒糖色,必须用小火,将糖浆温度控制在150℃~180℃之间,让糖浆受热均匀。必须密切注视糖浆的色泽变化,一旦变色,立即离火,用余热使之完全变色,不能产生焦苦味。这可是个眼疾手快的活儿,很容易出现操作不当,造成失败。糖色出现难闻的焦煳味,就不能使用了。

在调味品和食品着色剂迅速发展的当今,既有酱油、甜面

"以秒计时"的炒糖色经久不衰

酱、柱候酱等棕红色的调味品，又有各种食用色素，使用都很方便，而炒糖色费时费力又很难炒好，这是否意味着糖色会走上穷途末路呢？

回答是否定的。

职业厨师对此最有发言权。他们舍不得放弃糖色，并认为糖色可以经久不衰。

糖色的色泽，棕红光亮。用糖色调制出来的卤汁，色泽纯正雅致，没有酱类调料那种黑色的感觉。

糖色调制的卤汁，滋味自然，能最大限度地保持原料本身的滋味。酱类调料常会因自身的酱香味而掩盖原料的风味。使用鱼翅、鲍鱼等高档原料制作菜肴，更应尽量使用糖色，不用酱品上色。

糖色用于烘烤类菜肴，能增加菜肴的焦香风味。中式菜肴的蜜汁叉烧和烤鸭，涂在表面的糖色，烘烤后能散发出浓郁的焦香味。西餐的甜品格司，也是通过糖色增加焦香风味。

糖色能增强菜肴的脆感。刷上糖色的乳猪，烘烤后乳猪表皮酥脆可口。

正因为这样，一代代厨师为了给菜肴增光添彩，苦练"以秒计时"的火候功夫，炒不好糖色不罢休。

炒来炒去，他们还发现一个窍门：炒糖色之前，根据需要选择糖色原料。冰糖、白糖、糖稀、蜂蜜等糖类原料，加热后都能出色。可是，由于糖的种类不同，制作出来的糖色，在用途和使用效果上，也有明显的区别：

冰糖，是白糖的一种再结晶体。用冰糖炒出的糖色，色泽红

亮,光泽感好,是制作糖色的最佳选择。

饴糖,是米或麦芽的淀粉糖化物,具有黏附性强、甜度低的特点,能较好地黏附于原料表面,不脱色,烤制后不会过分改变原料本味,还能使原料保持脆感。用饴糖制作的糖色,广泛用于烤制类菜肴。

白糖,包括绵白糖和白砂糖,虽然也用于制作糖色,但焦化速度快,光泽感和黏度都不够,又容易脱落,一般不用于烤制类菜肴。

炒糖色,必须用小火

"以秒计时"的炒糖色经久不衰

糖稀和蜂蜜，富含果糖、葡萄糖，具有甜度高、吸湿性强的特点，制作糖色时容易焦化，烘烤后菜肴表皮容易回软，不利于保持菜肴的脆感。一般不用糖稀和蜂蜜制作糖色。

还值得一提的是，糖色的浓度过大，用于烘烤类菜肴，容易发黑或有过重的焦糊味；糖色的浓度过低，色泽达不到红亮的效果。在糖色中适量加入酒或醋，能起到"助色剂"的作用，使成品的色泽更红亮、持久，也能对糖色的甜味起到一定的抑制作用。

清代，袁枚在《随园食单》的"色臭须知"一节中曾写道："求色艳，可用糖炒。求香不可用香料，一涉粉饰，便伤至味。"由此看来，古人早已领略了使用糖色的精妙。

如今，尽管有了很多"糖色"的替代品，但经过比较，糖色赋香呈色的诸多优点，仍独领风骚。对司厨者来说，虽然炒糖色多了一道工序，特别是控制火候的要求极高，但也不可舍弃。

19
"赴汤蹈火"的汤

"赴汤蹈火"的汤

肉类的榨菜肉丝汤，鱼类的奶油鳜鱼汤，禽类的清炖鸡参汤，蛋类的木耳鸡蛋汤，菌类的鲜莲银耳汤，海鲜类的胡辣海参汤，家常菜中的豆腐汤、白菜汤、菠菜汤……人们的饮食生活，离不开各种各样的汤。

然而，面对"赴汤蹈火"这个词，总会有人不解：怎么可以"赴汤"——到汤里去走一遭呢？

《汉字实用知识》就曾这样写道："小时候常见人拍胸脯说为了什么事'赴汤蹈火，在所不辞'，就是闹不明白，人干啥要走到汤里去？等学了古汉语，才明白：早先的汤，是一锅没有作料的白开水。"

赴汤蹈火，出自《汉书·晁错传》。晁错是汉武帝时的御史大夫，他对朝廷忠心耿耿，多次提出重要建议。有一次，他在建议中说，要给予敢于冲锋陷阵的勇士以重奖，才能让他们"蒙矢石，赴汤火"。这"蒙矢石，赴汤火"，是指冒着敌人的利箭和石炮，甘愿奔入滚烫的开水和烈火之中，不避艰险，奋不顾身。

中国四大古典文学名著之一的《水浒传》，也为汤原本是白开水提供了佐证：林冲在被押解的途中，两个当差受了贿赂，想加害于他，给他洗脚时用了滚烫的热水——书中所说的"汤"。

在古代，"热水"也称"汤"。由此引申出许多食物的名称都有"汤"字。例如：米汤、面汤、肉汤，是煮熟后的液汁类食物；鸡蛋汤、豆腐汤，是烹调时加水很多的汤类食物；面条、面片、汤圆，烹调时加水很多，古时统称"汤饼"；还有酸梅汤之类的饮料。

汤，还指中药里的汤药。对"只换形式，不换内容"的骗人术，人们常用的比喻是"换汤不换药"——只换汤剂的名称，不换药味。

汤，也代替温泉。古时的温泉称为"温汤"。北京的大汤山、小汤山，都是因为山上有温泉而得名。

白开水、菜汤、药汤，温泉汤，这些"汤"，有一个共同的特点，就是给水加热。

在人类的饮食生活中，有了水、火、炊器这三个条件，才具备了最古典的烹饪含义，也才有了《周易·鼎》所得出的结论："以木巽火，烹饪也。"

当"赴汤蹈火"的"汤"已不仅仅是白开水，而是"老火靓汤""四季时鲜汤""药膳滋补汤"的时候，汤的成分发生了广泛而深刻的变化。

"赴汤蹈火"的"火"，就其燃料而言，也发生了历史性的变化，由最先的树枝、木柴、杂草，发展到煤、木炭，再发展到煤气、天然气、酒精、电能、太阳能、红外线等。烹饪用火的历史，是在燃料的发展变化中写成的。在这一历史进程中，不管燃料如何变化，人们对烹饪火候的严格掌握始终不变，一点也忽视不得，以致有了"火之为纪"的提法。

"火之为纪"，最早出现于《吕氏春秋·本味》："火之为纪，时疾时徐。灭腥去臊除膻，必以其胜，无失其理。"这里

"赴汤蹈火"的汤

的意思是说,要调节和掌握好火候,无论是去除腥味、臊味、膻味,该用什么火候,就得用什么火候,不得违背用火的道理。这个道理,集中体现在一个"纪"字上。

为了进一步说明烹饪用火要适度,《吕氏春秋·本味》还特意为"纪"加以注释:"纪,犹节也。"节,即节度、适度。

正因为"火之为纪",历史上出现了各种促使鼎中之变的

煮制面条、面片、汤圆,加水很多,古时统称"汤饼"

烹饪火候
PENGRENHUOHOU

火候:火齐、火剂、文火、武火、大火、中火、小火、微火、活火、死火、明火、暗火、余火……

正因为"火为之纪",古人在论述饮食与烹饪时,总是紧紧抓住火候不放。《周礼》多次谈及"水火之齐";《论语》的"失饪不食",也包括火候不足或过头;《酉阳杂俎》引用一位将军的话说:"物无不堪吃,唯在火候,善均五味";《随园食单》指出:"熟物之法,最重火候","司厨者能知火候而谨伺之,则几于道矣。"

正因为"火之为纪",如今人们更加注重烹饪的"火中取宝"。在"取宝"的过程中,也更加注重火候与原料、刀工、调味等其他方面的紧密配合,而不是独立地去认识和利用火候。

氽汤、煲汤、吊汤、煮汤、熬汤,都离不开正确运用火候。

20

"吊汤"的汤

汤,虽然包括"赴汤蹈火"里的"白开水",但更多的时候,是指两种汤:一是千滋百味的汤类菜肴,民间有"吃饭不可无汤"的食谚;二是烹制菜肴时起调味品作用的鲜汤,俗话说"无汤难成菜,无菜不用汤"。

提及鲜汤,人们有多种叫法:白汤、毛汤、大锅汤、浓白汤、奶汤、清汤、高汤、顶汤。

制作鲜汤,也有多种技法:熬汤、炖汤、煨汤、煲汤、氽汤、煮汤、吊汤。

吊汤的"汤",也称清汤、顶汤、高汤、高级清汤,是鲜汤的最高境界。

吊汤的汤,与其他技法制作出来的汤相比,最大的不同是:汤清见底,澄清如水,汤色愈清,汤味愈浓,鲜美无比,回味无穷。这种汤,是在其他鲜汤制作方法的基础上,不断发展创新的成果,看上去像"白开水",而不是通常所见颜色或深或浅的汤。

历代厨师都有这样的体会:"菜好吃,汤难吊。"吊制出好汤,不是一件容易的事情,关键在于火候。从制作毛汤到吊制高汤的全过程,处处离不开火候。

第一,原料与冷水同时下锅加热。

吊汤的目的,是加热后把原料的蛋白质、脂肪、鲜香味等充分浸出,溶于汤内,使汤鲜醇味美。如果将原料放入沸水锅中加

20 "吊汤"的汤

热,原料外层骤受高温,会凝固形成一道屏障,阻碍原料内部的蛋白质、脂肪、鲜香味充分浸出,汤汁不鲜醇,质量就会降低。

第二,制汤时,中途不宜加水。

在原料与冷水共热的过程中,热量持续而均匀地传递,水分子有规律地互相渗透。如果这时加入冷水,汤汁温度突然下降,就会破坏原先均衡的状态。当温度再度升高时,由于受原料外部凝固变性蛋白质的阻隔,既影响热量向原料内部渗透,又影响原料内部可溶物质向外浸出。

第三,及时调整火候。

大火烧开后,及时转入中火,不然会因为持续旺火而蒸发掉部分汤汁,甚至造成焦煳粘锅,汤味变劣。再由中火转入微火,慢慢煨煮,汤水不宜过于沸腾和剧烈振荡,而是长时间保持微滚状态。这时的汤水,像菊花——被称为"菊花水",似鱼眼——被称为"鱼眼水"。在这样的汤水中,原料中的蛋白质、脂肪、鲜香味等缓慢地溶解,进入汤里,直到汤汁呈乳白色,既浓又漂亮,味道鲜美醇正。如果火候不足,汤色发暗,没有黏性,口感也差。

第四,撇沫也要看火候。

原料和水在锅里同时加热,当水温达到80℃的时候,特别是动物性原料内部温度也达到80℃左右时,血红蛋白便会充分外渗而凝固,并形成丝絮状,漂浮于汤面。同时,原料中的脂肪受热量催化分解,还有原料中的其他杂质,也都会随着温度升高而不断地漂浮于汤面,逐渐形成很多灰白色浮沫。及时撇出这些泡沫,才能保证汤的清纯。如果撇沫时间过早,水温高,水分子互相冲撞,结成颗粒状物质,混杂在汤汁中间,浮沫不易撇净;如果撇沫过晚,汤面浮油多,就会把奶白色、鲜香味的油脂也一并撇出,使汤汁清淡无味。经验证明,水温在95℃左右并持续一段时间,是最适宜撇沫的火候。

毛汤过滤后,放入锅内,加入渗出血水的鸡茸和调料,旺火加热,边加热边用手勺搅动,汤将沸腾时,立即将旺火改为小火,继续熬制。这样,渣滓物被鸡茸吸附,粘在一起,浮出汤面,有利于离火后撇净浮沫。如果不及时将旺火改为小火,汤水沸腾而不是微沸,茸泥和渣滓物就不能粘在一起,也就不便于清除。

为了提高吊汤的质量,人们还发明了"双吊"制汤法。即利用两种茸泥,分两次把汤吊清。第一次利用的茸泥,来自老母鸡的鸡腿肉,称为吊汤的"红哨";第二次利用的茸泥,来自老母鸡的鸡脯肉,称为吊汤的"白哨"。不管"红哨"还是"白哨",在毛汤旺火加热过程中投入,用手勺不断地推动,搅起漩涡,让"红哨"或"白哨"吸住渣滓漂浮物,然后离火撇沫。

吊汤,需长时间保持微滚的"菊花水"状态

21
"灌汤包"的汤

汤包、灌汤包、灌汤肉包、小笼灌汤包，这些包子的叫法不同，但都突出了一个共同的特点：包子里有汤。

包子里的汤，是怎么进去的呢？大家常围在餐桌上"猜谜"。

有人竟然给出这样的"谜底"：灌汤包里的汤，是用注射器打进去的。内行人听了，以为是在说笑话。

不管怎么说，肯定有不少人对"灌汤包"的制作过程，不是十分了解。

通常，灌汤包的制作过程是这样的：熬皮冻，做肉馅，捏制包子，旺火蒸熟。

灌汤包，提起像灯笼，落下似菊花，口感柔软，汤汁多而不腻，色香味俱全。灌汤包与其他包子的最大区别，就是灌汤包里有一汤匙的汤汁。

这"一汤匙的汤汁"，原本是皮冻。

为什么要在包子馅里加入皮冻呢？这是《烹调技术1000个为什么》里的"为什么"之一。书中是这样回答的："调制馅时之所以要加入适量皮冻，这是因为馅内加皮冻，能使馅变得浓厚稠黏，易于包卷成形，成为皮包汤。加热后，皮冻溶化，形成汤润肉，致使馅鲜嫩多汁，味道特别鲜美，风味别具一格。"

可见，灌汤包从开始制作皮冻到最后蒸熟，都离不开恰当的火候。

21　"灌汤包"的汤

皮冻宜蒸不宜熬。皮冻胶体溶液的加工，可以蒸制，也可以熬制。蒸气的最高温度可达105℃以上，而沸水的最高温度是100℃。对比证明，蒸制比熬制的效果好。蒸制的时间短，能加快制冻的速度，而熬制的时间长；蒸制虽然火力大，温度高，但原料在盛器内与热水隔离，对流作用小，振荡力弱，胶原蛋白质分子之间相互碰撞机会少，汤汁清，而熬制汤水大沸，对流加速，振荡力加强，胶原蛋白质分子之间相互碰撞的机会增多，形成许多胶原蛋白质分子群体，散布在溶液之中，失去了汤汁的澄清度；蒸制水分散发少，易于掌握，可靠性强，不易产生焦煳等异味，而熬制的火候不好掌握，火候大了，耗汤既快又多，原料易粘锅底，产生焦煳等异味，影响胶体溶液的滋味和色泽，降低皮冻的风味和质量；蒸制的冻汁清澈如水，冷凝后的冻体晶莹透明，而熬制的成品则逊色许多。

灌汤包，应旺火蒸制，时间不宜过长。如果蒸制时间过长，包子容易掉底、跑汤。更不能出现"过热蒸气"——将水烧干并继续加热。

蒸灌汤包，必须严格掌握火候，旺火速熟、随吃随蒸、就笼上桌为好。

吃灌汤包时，粗心的人一口咬去，鲜汤四溅，既烫嘴，又可能污染衣服，而内行人吃得很讲究：先在包子外皮上咬一小口，待热气散发一些之后，再吮吸，鲜汁满口，香留齿颊。

如今，全国各地的灌汤包，形状、馅料和灌汤的方法有所不同，传统品种和创新品种交相辉映，消费者欢迎的程度有增无减，涌现出越来越多的名品：上海的南翔小笼汤包，江淮的蟹黄

灌汤包,河南的开封第一楼小笼灌汤包……

如今,由于电冰箱等制冷设备的应用和普及,无论餐饮企业还是家庭,制作灌汤包,都不必像古人那样依靠天气的低温来凝固汤汁做馅心了。但是,不可忘记和值得敬仰的是,在科学技术还不发达的古代,厨师们能用冷凝的方法制作出灌汤包,实在是件很不简单的事情!

据史料记载,灌汤包至晚出现在清代。嘉庆年间,有一位名叫林兰痴的扬州人,在《邗江三百吟》的"灌汤包条"中写道:"春秋冬日,肉汤易凝,凝者灌于罗磨细面之中,以为包子,蒸熟则汤融而不泄。扬州茶肆,多以此擅长。"接着,林兰痴还为此赋诗一首:

到口难吞味易尝,团团一个最包藏。

外强不必中干鄙,执热须防手探汤。

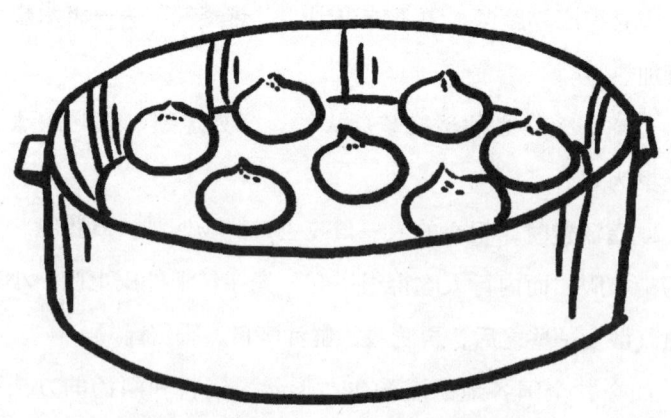

旺火速熟的灌汤包

22

不能用小火煮的大煮干丝

大煮干丝，是首创于江苏扬州的传统名菜。此菜的来历，至少有两种说法：

一种说法是，清代的扬州，盐商、官僚、文人云集，茶社应运而生，相互竞争。于是，扬州厨师创制出一道"加料干丝"的菜肴。清人惺庵居士品尝之后，在《望江南》词中写道："扬州好，茶社客堪邀。加料干丝堆细缕，熟铜烟袋卧长苗，烧酒水晶肴。"词中展现了一幅生动的饮食风俗画。据烹饪专家考证，《望江南》中的"加料干丝"，就是"大煮干丝"的前身。

另一种说法是，清代乾隆皇帝来到扬州时，当地官员聘请名厨为乾隆烹制佳肴。其中，有一道"九丝汤"，味道鲜美，颇受好评。所谓"九丝"，是以豆腐干丝为主，另加火腿丝、笋丝、银鱼丝、木耳丝、口蘑丝、紫菜丝、蛋皮丝、鸡丝、海参丝、燕窝丝等。由于豆腐干切得整齐均匀，长短一致，粗细不超过火柴杆，颇见刀工的精细，后来改称"煮干丝"。再后来，又改称"大煮干丝"，沿用至今。

一番探究之后，人们发现，这道菜的名称，由"煮干丝"改成"大煮干丝"，是火候的缘故。

选用同样的"干丝"原料，运用同样的煮制技法，菜名的"煮"字前面，却多了个"大"字，显然是在强调"大煮"，而不是一般的煮，更不是"小煮"。下面，是《苏菜》中大煮干丝

22 不能用小火煮的大煮干丝

的制作过程：

选用以大豆为原料制作豆腐干，方形，白色，质地细腻，压制紧密，先片成0.15厘米厚的薄片，再切成细丝，然后放入沸水中浸烫，用筷子轻轻翻动拨散，沥去水，再用沸水浸烫两次，每次约2分钟，捞出后，用清水漂洗，再沥干水分，去除黄泔水的苦味。

炒锅上旺火，舀入熟猪油，烧热，放入虾仁，炒至乳白色，起锅盛入碗中。

锅中舀入鸡汤，放入干丝。然后将鸡丝、肫肝、笋放入锅内一边，加入虾子、熟猪油，置旺火上烧15分钟。待汤浓稠时，加入白酱油、精盐，盖上锅盖，烧约5分钟，离火。将干丝盛入盘中，再将肫、肝、笋、豌豆苗分放在干丝四周，上面放火腿丝、虾仁。

《苏菜》在上述制作过程之后，特别提及此菜的制作关键：豆腐干质量要好，刀工要细，务必烫透，去尽黄泔味。煮时要透，不可缺虾子、猪油、高汤。

研读这个菜谱，从"制作过程"到"制作关键"，无不强调"大煮"的重要：先是干丝"放入沸水中浸烫"，沥水后，"再用沸水浸烫两次""务必烫透"；各种原料下锅后，锅"置旺火上""煮时要透"。

"浸烫"和"煮"，是两种不同的烹饪技法，对火候的要求也不一样。

浸烫，是利用"刚柔相济"的火候使原料成熟。具体来说，浸烫是在水烧沸时下料，让原料骤然受高温加热，外皮紧缩，形

成脆性，同时也清除了异味。随后离火，水温缓缓下降，成为性质不太猛烈的柔性热能，不断渗透到原料内部，并有足够温度使原料组织变性，在失水较少的情况下成熟。这不仅防止了原料因蛋白质过度变性而凝固发硬，也使各种鲜味物质和鲜香味较少向外散逸。

煮，是以水作为导热介质之后，使用最早、用途最广、功能最全的用火方法，也是一种古老的烹饪技法。具体来说，煮法主要是运用刚性火候让原料在旺火或中火烧沸的水中受热，原料在

先烫后煮是大煮

22 不能用小火煮的大煮干丝

热能作用下变性分解，短时间内成熟。煮法以最大限度抑制原料鲜味流失为目的，所以加热时间不能太长，防止原料过度软散失味。具体加热时间随原料性质而定，一般都比较短，大多为十分钟左右。

大煮干丝是先用沸水浸烫，后入鸡汤煮成。所以，扬州人有这样的说法："先烫后煮是大煮。"

"大煮"出来的"干丝"，色调清淡，口味清鲜，风格清雅，赢得了很高的赞誉："清清淡淡质姿美，缕缕丝丝韵味长，水陆并用融饮食，素荤合馔利荣康。"

现在，分布在全国各地的淮扬风味饭馆，一般都少不了大煮干丝这道菜。

23
不能高温久煮的麦片

23 不能高温久煮的麦片

麦片,顾名思义,就是以各种麦面制成的片状食品。

燕麦、大麦、小麦、荞麦,都是麦片的主要原料。制作麦片,还有玉米、大米等多种谷类原料,还有水果、坚果等果类原料。麦片能给人体提供更多种类的矿物质和膳食纤维。据说,麦片是第一种工业化生产的谷物食品。

由于麦片的原料不同,麦片分为两种类型:原味麦片和混合麦片。

原味麦片,散发出淡淡的天然麦香的味道,保留了原麦中大部分营养,对身体尤为有益。由于不含白砂糖和盐,更适合中老年人、糖尿病人、血糖及血脂偏高的人食用。

混合麦片,一般加入奶粉、豆粉、核桃、杏仁等。奶粉和豆粉补充了纯麦片的蛋白质含量,核桃和杏仁的油脂能增加能量摄入。这类麦片更适合儿童和青少年等对能量需求较高的人群。

麦片是一种很重要的营养物质。一般来说,每100克麦片中,总能量最好不超过350千卡,碳水化合物不高于60%,可溶性膳食纤维不低于8%,蛋白质含量在10%左右,这样的麦片营养均衡。

目前,市场上出售的麦片,大多是速溶的,食用起来十分方便,那是因为它在加工中经过了高温熟化的过程。

2007年3月,《健康时报》记者和中国农业大学食品学院专家共同进行一次关于麦片的调查，随后发表报道《多数人选错麦片食品》。他们得出的调查结论是：煮比冲泡营养效果好；口感越好营养价值越低；货架角落的麦片最营养。

专家指出，目前超市里的麦片，有的是多种原料混合物的麦片，含有燕麦片、玉米片、葡萄干、香蕉干、椰枣干、无花果干、杏干、苹果干等，有的是添加营养素的麦片，麦片中加入大豆卵磷脂、生物蛋白钙、乳酸亚铁等营养素。两种麦片的对比结果显示，多种原料混合物麦片更天然，也更有营养；添加营养素麦片，虽然好口感，却营养较低。麦片添加营养素，一方面是希望改善产品品质，另一方面是为了宣传。不要以为加入营养素的麦片一定胜过天然营养麦片。

专家指出，我们推荐的恰恰是在货架角落的麦片。这些包装朴素、样子平淡的产品，没有诱人而花哨的营销宣传，口感也没有那么好，煮起来还比较麻烦，但请注意，这才是纯天然的产品。

专家还指出，麦片一般都需要煮后才能食用。不用煮的速溶麦片多数是将麦片处理成粉末状，加入砂糖、奶精、麦芽糊精、香精等，更容易溶于水中，加速麦片溶解。虽然这些添加物迎合了消费者对方便和美味的需求，但这种需求并不见得和健康价值一致，尤其不适合中老年人食用。所以，应尽可能选择需要煮食的麦片。总起来说，食用麦片，煮比冲泡营养效果好。食用麦片的一个关键，是避免长时间高温煮制，防止维生素被破坏。科学实验证明：麦片的煮制时间越长，其营养损失越大。煮制麦片的正确方法是：生麦片煮20~30分钟；熟麦片煮5分钟；熟麦片与牛

23 不能高温久煮的麦片

奶一起煮3分钟,中间搅拌一次。麦片最好煮后食用,但不能高温久煮。

根据专家的建议,就可以掌握好火候,煮制各种麦片粥了:

牛奶麦片粥:麦片放入锅内,加水浸泡,旺火烧开;加入牛奶、砂糖、黄油,煮制。

苹果麦片粥:将苹果、胡萝卜洗净,用擦菜板擦好。擦好的苹果、胡萝卜、麦片放入锅中,倒入牛奶、水,煮制。

杏仁提子麦片粥:水里加盐,煮沸,调小火,边倒入麦片

麦片,煮吃好,但不能高温久煮

边搅拌，煮制，冷却2~3分钟，加入适量牛奶，放入提子、杏仁片和蜂蜜。

牛奶干果麦片粥：锅内放入少量水，加入麦片、葡萄干，煮沸，加入牛奶、蜂蜜。

莲枣麦片粥：莲子去芯，红枣洗净，放入锅中，加入适量水，煮开，小火焖至熟透，加入麦片、冰糖，煮制。

看来，选购麦片很有说道：不起眼，口感差，没甜味，更有营养。

看来，食用麦片挺有讲究：煮吃好，但不能高温久煮。

24
不能不煮透的豆浆及其他

烹饪火候

豆浆煮得不透，也就是没有煮熟，人吃了容易中毒，一般食后半小时到一小时即可发病。发病初期，食道和胃有烧灼感，接着伴有恶心、呕吐、头晕、头痛、腹疼，有人还会出现腹泻，严重时可引起全身虚弱、呼吸困难等症状。

俗话说"病从口入"。喝豆浆之后出现的病症，是因为豆浆中含有皂毒素、抗胰蛋白酶等有毒物，破坏红细胞，引起溶血，从而危害人体健康。

防止皂毒素、抗胰蛋白酶等有毒物对人体的危害，有个简便易行的办法，那就是通过高温将有毒物分解破坏掉。

可是，由于煮豆浆容易煳底，当豆浆煮出泡沫时，往往就有人误认为煮熟了。其实，豆浆刚冒泡时，水温只有80℃~90℃，应该继续煮。只有达到100℃之后，再持续煮几分钟，生豆浆所含的皂毒素、抗胰蛋白酶等有毒物才能被分解破坏掉。

豆浆不能充分煮熟，是人们运用烹饪火候的一个误区。

2003年3月25日，天津《每日新报》刊登一篇题为《未熟豆浆撂倒40工人》的报道。报道说，至少有40名工人喝了食堂里的豆浆后出现中毒症状，调查结果显示，原来是所食豆浆未彻底煮熟所致。

生豆浆的正确煮制方法是：先用大火煮，待沸腾后改为文火，继续煮制，使生豆浆中的有害物质被分解破坏，就不会有中

24 不能不煮透的豆浆及其他

毒情况发生了。豆浆在煮制过程中,会经过"假沸腾"这个阶段,因为豆浆的泡沫多,好像已经煮开了,但实际并未煮开,还需继续煮制一段时间,才能真正煮熟。

如今,在人们的饮食生活中,豆浆来源很广:早点摊上有现成的豆浆;超市里可以买到袋装的豆浆;小区门前有加工生豆浆的摊贩;街上有各式各样的豆浆店;还可以在家里自己动手制作新鲜的豆浆。所以,加强正确运用烹饪火候的宣传,是很有必要的。不要被煮豆浆时的"假沸腾"现象蒙蔽。同时,还应注意解决旺火状态下煳底的问题——豆浆沸腾后,及时改为文火。以此

煮饺子:先煮皮,后煮馅;敞锅煮皮,盖锅煮馅

类推，煮制食物的火候很重要，也有很多窍门。

粥棚的师傅说，"煮粥没有巧，三十六下搅"，说的是煮粥的窍门。煮粥分为两个阶段：第一阶段，旺火煮沸时，一定要搅拌，将米粒间的热气释放出来，粥才不会煮得糊糊的，也可避免米粒粘锅；第二阶段，转小火慢煮时，应减少翻搅，才不会将米粒搅散，防止整锅粥煮得太过浓稠。

"先煮皮，后煮馅"；"敞锅煮皮，盖锅煮馅"。说的都是煮饺子的窍门。水烧开后，如果盖上锅盖煮，蒸气排不出去，锅内温度很高，蒸气很容易把露出水面的饺子皮"蒸"破，而饺子馅还没熟。如果敞开锅煮，蒸气很快散失，饺子随水搅动，均匀传递热量，等皮熟了，再盖锅煮馅，蒸气和沸水很快将热量传递给馅。这样煮熟的饺子不破皮，也不易粘连。

"滚水下，慢火煮"，说的是煮汤圆的窍门。

煮汤圆时，水烧沸后下锅，并用勺徐徐推动，这样不粘锅。汤圆浮起，改为慢火，煮的过程中，加些冷水，这样煮出的汤圆完整美观，软黏好吃。煮过两锅后，把稠汤换掉，另用水煮，否则，汤圆熟得慢，甚至会出现夹生。煮汤圆防止粘连，下锅煮前先将汤圆在冷水中蘸一蘸，这样煮出来的汤圆有嚼头，口感好。

"煮面先煮汤""先煮后焖"，说的是煮面条的窍门。要想把面条煮得清爽、不粘、不硬心、不糊锅，必须根据面条的特点，准确掌握火候。煮挂面时，不要等水沸后下面。当锅底有小气泡往上冒时，挂面下锅，搅动几下，盖锅煮沸，适量加冷水，再盖锅煮沸就熟了，面柔而汤清。煮切面和手擀面条，则需水大开时下面条，然后用筷子向上挑几下，防止面条粘连。用旺火煮

24 不能不煮透的豆浆及其他

开,每开锅一次点一次水,点两次水,就可以出锅。煮湿面要注意用旺火,否则水温不够高,面条表面不易形成黏膜,面条就会溶化在水里。快餐面之类的面条品种,用水煮一会儿,再在锅里焖一会儿。"先煮后焖",不仅面条口感好,还能节省能源。

火候到了,食物熟了,香气飘荡起来了。有人因此发出感慨:如果只有水没有食物,即所谓"巧妇难为无米之炊"。如果两者都有了,那么,关键的就是一个火候。只要火候恰到好处,什么食物都能煮好。人世间的很多事情也是这样,对某种事情的成功与否,挑选一个能表达最关键、最准确,也最常用的词,那就是——火候。

25
热油旺火炒

25 热油旺火炒

2007年3月23日,《新京报》报道:《炒菜起火引燃饭店3层楼》,事发北京市丰台区的一家饭店。时隔5天——3月28日,《新京报》又刊登报道:《油锅过热起火烧毁厨房》,事发北京市顺义区的一家餐厅。报道说,两起火灾事故损失严重:前者烧毁饭店和歌厅所在的一幢三层楼,后者烧毁厨房;两起火灾事故出于同一个原因:前者"炒菜起火",后者"油锅过热起火"。

正如传说的那样,火是具有双重性的"神"。有时是人类的朋友——"美味火中求",有时也是人类的敌人——"火灾猛如虎""贼偷一半,火烧全光"。天天与火打交道的餐饮企业,特别强调趋利避害,安全用火,科学用火。

炒菜,三翻两铲,变化万千。其中,很重要的一点,就是"热油旺火炒"。

热油,是油温的四种类型之一。根据厨师的经验,烹饪行业将油温分为四个类型:大沸油,230℃以上,整个油锅冒烟,油面翻滚;沸油,也叫旺油,180℃~220℃,油面由翻滚转向平静,冒青烟,手勺搅动有响声;热油,110℃~170℃,油面翻动,微有青烟;温油,70℃~100℃,油面较为平静,无声响和青烟。炒菜要用热油,不宜用温油、沸油、大沸油。炒菜时,锅里放入底油,加热至110℃~170℃,看到油面翻动、微有青烟时,快速投入作料爆锅,再放入主料、配料、调料和适量汤汁。这时,油

烹饪火候

和金属同时起到导热作用,以锅底传导的热量为主。油除导热之外,还起到润滑和调味作用。

旺火,又称大火、冲火、武火、爆火、急火、猛火、满火、烈火,是最强的火力。旺火与中火、小火的区别,一看火焰,便可知晓。小火的火焰很小,火苗细小,时起时落,甚至没有火苗;中火的火焰不稳,略有摇晃,火苗下降,不能燎出炉口;旺火的火焰,高而稳定,最冲的火苗能蹿出炉口30多厘米,火光明亮,耀眼夺目。

旺火最适宜"抢火候"的菜肴,有的仅用几分钟甚至十多秒钟,就将菜肴炒好了——"旺火速成"。

炒制菜肴,必须把油温和火力结合好。原料下锅之后,只有火力旺,才能将锅内的温度迅速升高到需要的程度。由于油热、火旺,炒制菜肴的加热时间短,原料脱水少,成熟快。菜肴鲜嫩滑爽,鲜香入味,汤汁较少,原料营养不受损失或少受损失。所以,炒是最常用和最有特色的烹饪技法之一。

炒,源于煎制烹饪技法。据考证,最早记录炒制技法的书,是北魏时期的《齐民要术》。这本书里写到"鸭煎法",是将肥嫩的鸭肉"炒令极热,下椒姜末食之"。唐宋以后,炒制技法流行,并有分类,《东京梦华录》《中馈录》等烹饪古籍,不仅记录了炒白虾、炒面,还有生炒、爆炒、南炒等分类。明清以后,炒制技法更为精湛、细腻、多样。

如今,炒不仅是使用最为广泛的烹饪技法之一,厨师们还常把"炒"作为一切热菜烹饪技法的总称,称之为"热炒"。炒,甚至成了一种职业的代名词——称厨师是"炒菜的"。

25 热油旺火炒

炒菜之火,一个小小的疏忽,一个违章行为,都有可能引起火灾。上面提到的两起火灾事故,就是例证。

《炒菜起火引燃饭店3层楼》的报道说,这家饭店在火灾发生前20天,还曾做过消防演习,饭店内部消防设施并没有发现问题。这次火灾事故,起火点初步认定为厨房,系人为操作不当引起的。

《油锅过热起火烧毁厨房》的报道,对造成火灾事故的人为原因,说得更为具体:上午9点左右,厨房内一口炒菜锅里装了三分之一的油,当时油锅在加热,看锅的人出去拿东西,也就一会工夫,过热的油锅就起火了。见此情景,餐厅里的十五六个人合力将油锅的火扑灭,不过房顶被殃及着火了,火势不好控制,消防员赶到后,破窗灭火,才将大火扑灭。

两起火灾事故说明,餐饮行业既要坚持"热油旺火炒",又必须坚持"安全第一",因为"水火无情""安全来自长期警惕,事故来自瞬间麻痹"。

炒菜,用100℃~170℃的热油

26

生炒萝卜熟炒菜

26 生炒萝卜熟炒菜

生炒、干炒、滑炒、焦炒、软炒、抓炒、熟炒……炒法种种，人们最早使用的是哪种炒法呢？

烹饪历史告诉我们，早在南北朝时的《齐民要术》就有了炒制技法的记载，而所有的炒制技法当中，"生炒法"的历史最为悠久。其他炒法，都是在生炒基础上发展起来的。熟炒，是开拓原料方面的发展；滑炒，是提高菜肴细嫩质感方面的发展；焦炒、抓炒，是丰富菜肴风味方面的发展……

生炒，选用的原料只限于生料，这也是"生炒"名称的由来。生炒对原料的品质要求严格，必须是质嫩的原料。例如，猪、牛、羊的里脊肉，猪后臀尖肉，鸡鸭的胸脯肉，鲜活鱼、虾，新鲜蔬菜的根、茎、叶。烹饪行业有"生炒萝卜熟炒菜"的说法，说的就是以萝卜为原料时，不需要事先调味腌渍，也不必上浆、挂糊，只要经过刀工处理，或丝或块，便可拿来炒制。

生炒萝卜，足以检验司厨者的用火功夫。萝卜下锅后，油温下降，这时的火力一定要跟上，使油温升高，保证生炒所需的热量。因此，掌控好生炒的火候，必须下功夫练出"活"和"快"的本事：

活，指操作时双手灵活配合。生炒的原料一下锅，厨师的两只手就要协调动作，一般是右手持手勺，不停地翻炒，炒开、炒散；左手拿锅做相应的颠动，使锅内原料不断移动变位，均匀受热，避免生熟不均、老嫩不一。

　　快，指出手要快。生炒用料细嫩，又是热油旺火，出手一慢，极易"过火"，造成肉类原料失水变老，蔬菜原料出水变烂。生炒前，对原料性质、耐热程度以及在热油中的变化等，就应做到心中有数。生炒菜肴，下料要快、翻炒要快、出锅也要快。一般情况下，单一原料的生炒，火候的控制标准是：肉类变色、蔬菜转为鲜绿；炒制的原料两种以上，而且原料性质差距过大，则要分别下锅，分开炒，然后再混合一起炒。"炒银芽肉丝"这道菜，银芽（豆芽）水分大，质嫩，而肉丝组织严密，水分少，生炒时就要"先分后合"，避免生熟不匀。

　　"炒银芽肉丝"的炒法，被业内称为"双炒法"。

　　在生炒菜肴的实践中，虽然发明了"双炒法"，但是，仍不能完全克服生炒的局限性。于是，人们在生炒的基础上推出了另一种炒法——熟炒。

　　熟炒，是断生、半熟或全熟的原料，经切配，热油旺火炒，调味，制成菜肴。有了熟炒，也就扩大了炒菜的用料范围，丰富了菜肴的花色品种，凸显了菜肴的风味特色。例如，遍及全国各地的熟炒名菜：四川的"回锅肉"、山东的"赛螃蟹"、福建的"红糟肉"、北京的"炒烤鸭丝"、广州的"蚝油鸭掌"……

　　人们对熟炒菜肴的评价很高，以"回锅肉"为例，说它"选料精细，白煮适度，切片完整，炒透成花，香气浓郁，质感酥韧，色味俱佳。"熟炒需两次加热：第一次加热，是将生料断生或制熟；第二次加热，是熟炒。

　　第一次加热时，对质地新鲜、柔性、韧性、脆嫩的原料，运

26 生炒萝卜熟炒菜

用焯水或气蒸等技法，进行初步熟处理。一般来说，畜禽类原料的初步熟处理，加热到三四成熟即可，既能除去异味，又能保证熟炒后菜肴成形完好；水产类原料则要达到完全成熟。

第二次加热前，要特别注意刀工操作，熟炒的原料，丝要粗，条要粗，丁要大，片要厚。加热时，火力要旺，翻炒要快，保持滑锅。炒出香味后，加入辅料和调味品。炒至接近成熟时，可勾芡，也可不勾芡。勾芡的菜肴，汁浓滋润鲜香；不勾芡的菜肴，汁紧味透香酥。

说到生炒和熟炒，不能不特意提一下"啜炒"。"啜炒"，是指稍微焯烫一下的原料，用少量油炒制，放入芡汁，调味成菜。这种烹饪技法与熟炒很相似，所不同的是，啜炒的原料虽然经过焯烫，但目的是清除原料异味和多余的水分，焯烫时间很短，没有达到断生的程度，处在生料与熟料之间。从整个工艺流程来看，它与熟炒相同，人们也将它归于熟炒之中。

生炒菜肴，要防止"过火"，厨师出手要快

27

爆炒之"爆"

27 爆炒之"爆"

菜谱上写着这样一个菜名：爆炒腰花。从菜肴命名方法上加以研究，"爆炒腰花"是"烹饪技法与主料配合命名"。

这种命名方法，在中国菜肴中，影响最为广泛，应用最为普遍，约占菜肴总数的18%。各个菜系，无不使用。例如，采用不同烹饪技法制作的鱼翅，菜名各异：苏菜的"扒鲜翅"、鲁菜的"红扒鱼翅"、川菜的"干烧鱼翅"、粤菜的"红烧大裙翅"。这里的"扒"和"烧"，都是独立的烹饪技法，而"爆炒腰花"的"爆炒"，虽然也被视为炒法之一种，但在一些烹饪专业书的炒制技法里，却找不到"爆炒"。因为，爆是爆，炒是炒。

爆，是利用旺火、沸油或沸水，对加工成小块的原料进行瞬间加热，再放入有少量热油的锅里，颠翻几下，加入调味汁，制成菜肴。据说，前辈厨师见到韧性原料在旺火沸油条件下，能爆烈出花朵形状，便将这种烹饪技法称为"爆"。

爆菜源于山东和北京。宋朝出现了爆肉、爆齑之类的爆制菜肴，也有了生爆、爆炒之说；元朝出现了汤爆；明朝出现了油爆，清朝出现了水爆……

各种爆制技法出现之后，都以无可替代的优势，被越来越多的人接受，应用范围越来越广。猪、牛、羊的肚、禽类的胗、海产品的鱿鱼，这些原料组织紧密结实，韧性强，水分少，又有异味，运用爆制技法，就能制成脆嫩可口的菜肴。其中的奥秘，主要在于爆制的刚性火候。

在爆制的短暂过程中，火候的大小和用火时间的长短，必须恰到好处。火候差一点两点，时间差一秒两秒，都很难取得理想的效果。特别是加热时间过长，一旦"过火"，原料就会发老变艮，咀嚼不动。为了确保爆制火候准确到位，还必须有三项配套措施：一是原料加工成小件碎料，刀口整齐划一，以便爆制时受热均匀，防止老嫩不一。二是爆制所用的油或水，必须量足。一般情况下，油爆的油量应是原料的2~3倍，业内称为"中等油量"；水爆的水，宜宽宜清，水量应是原料的5~6倍。三是出手利落。从油爆到回锅调味，整个过程大约10秒；从水爆到回锅调味，整个过程15~20秒。因此，烹饪专家对爆制技法给出三个"之最"：使用火力最强，操作时间最短，成菜速度最快。

爆制菜肴，是业内公认的"抢火菜"。在"抢火"之前，就应把调味汁调好，浓度适当，确保味汁能黏附主料，成菜后无汁——"亮油不亮汁"。

爆制菜肴名品多多：油爆肚仁、芫爆肚片、姜爆鸭丝、葱爆羊肉……

由于所用的原料不同，爆制技法分为油爆、水爆、酱爆、葱爆、芫爆、姜爆、汤爆、盐爆。

爆制技法已经有了如此的细分，为什么还要将"爆"和"炒"扯在一起呢？原来，尽管有各种各样的爆制技法，还有生炒、干炒、滑炒、焦炒、软炒、抓炒、熟炒等多种多样的炒制技法，但是，要想极其快速地炒，就必须"爆"加"炒"，"先爆后炒"，既"爆"又"炒"——爆炒。

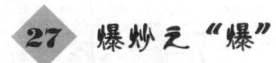

27 爆炒之"爆"

爆炒的代表菜例,大都在菜名上突出其"爆炒"技法。例如:爆炒双脆、爆炒肚花、爆炒乌鱼花、爆炒腰花、爆炒鱿鱼卷、爆炒里脊片、爆炒肝尖。

本文开头提到的"爆炒腰花",就是"爆"和"炒"的完美结合。具有爆炒菜肴鲜明的特点:色泽金黄,形状美观,咸鲜香酸,口感脆嫩,芡汁较紧。

"爆炒",先用爆的火候,再用炒的火候。这容易让人联想到菜肴的"二次烹调"。比如"回锅肉"——重新回到锅里加

爆制菜肴,成菜后无汁——"亮油不亮汁"

工。"回锅"之前的肉,经过旺火沸水煮制,所以,"回锅肉"是熟炒的代表菜。"爆炒腰花"的"腰花",在回锅之前,经过油爆,所以,"爆炒腰花"也可以说是爆炒的代表菜。

说到菜肴的"二次烹调",还可以举一些例子。比如"鸭架汤",吃北京烤鸭时,用片去肉的鸭骨架煮汤,加入酱油、料酒、味精等调味料,做成"鸭架汤";又比如"砸鱼汤",济南著名的"糖醋鲤鱼",吃过大半之后,把吃过的鱼头、鱼骨、鱼汤再回锅,鱼头砸碎,加入调味料、芫荽末,制成"砸鱼汤"。"鸭架汤"和"砸鱼汤",不仅好在"废物利用",还能"原汤化原食"——吃过烤制的鸭和炸制的鱼,正口干之时,上来"回锅汤",正好解干,润喉开胃。

28
火焰美食的火

烹饪火候 PENGRENHUOHOU

2008年8月24日21时20分许,燃烧了16天的北京奥运会圣火缓缓熄灭。国际奥委会主席罗格先生对北京奥运会作出了这样的评价:"这是一届真正的无与伦比的奥运会。"北京奥运会给人们留下太多太多的美好记忆:奥运健儿们的冲金夺银,人们喜闻乐见的比赛项目,奥运英雄李宁以空中飞人的方式点燃"祥云"图案打造的主火炬塔,开幕式、闭幕式燃放的焰火……

焰火照耀下的北京餐饮业,以其独特的方式,让菜肴与奥运焰火"拉上钩",充分表达对奥运的期盼和祝福。

地处北京东二环和东三环的两家连锁店,经营同一道名为"梦幻牛排"的菜肴。为客人上这道菜时,由服务员和厨师一同推着服务车,车上硕大的盘子里摆好牛排,进入餐厅之后,服务员给客人送上一段吉祥的话语,然后请上一位客人点燃"梦幻牛排"底部的"梦想火焰"——"砰"的一声,火焰瞬间从牛排底部升腾,映照在客人们惊奇又欢笑的脸上。顿时,满屋喝彩,一阵欢呼和掌声。这道菜,受到客人们的称赞,称它是"餐桌上的火炬手"。

火焰美食,出奇制胜,备受人们的青睐。厨师们就充分发挥奇思妙想,积极研发这种菜肴,想方设法在客人餐桌上"点火",借助火焰加工美味佳肴,渲染餐桌气氛,增添用餐情趣,让客人一饱眼福和口福,还能通过酒给菜肴去腥添香,保温杀

28 火焰美食的火

菌。火焰美食口感鲜嫩，风味独特。

火焰醉虾。将鲜活基围虾放入锅里，加入米酒，盖上锅盖，焖制5分钟后，加入枸杞子、川芎、当归。另取一个碗，倒入玫瑰酒，用火点燃，再倒入醉虾的锅里，火焰四起，虾体变红，捞起。食客夹起火焰醉虾，蘸鲜酱油吃，别具风味。

火焰焗螺。将炒熟的细沙倒入盘中，堆成火焰山或雪山形状，再将焗熟的田螺带壳放在"山"上。在"山"的四周倒入雪梨酒，点火。客人吃到的盐焗螺，是出自《西游记》的"火焰山"，还是来自北极的"雪山"，任你怎么想。

火焰焗鳜鱼。用锡纸将调味后的鳜鱼包好，烤熟，装入盘中。盘子里倒入酒，点火。给客人平添了一种似乎"现烤现吃"的乐趣。

火焰风沙螺。将海螺肉取出，切片，漂洗后放回壳内，加入花雕酒、高汤、牛油、香菜、食盐、味精，放到300℃烤箱内，烘烤2分钟取出，装入大盘，倒入白酒，点火。蔓延的火焰，给客人一种如风吹沙的"野餐"感受。

火焰烧汁银鳕鱼。将银鳕鱼切成2.5厘米的大方块，拍干粉后，下油锅炸透，放入菠萝粒垫底的锡纸上。热锅下入油、蒜茸，爆炒一下，加入浇汁、蚝油、酱油、鸡粉、白糖，调味勾芡，淋于银鳕鱼之上。然后将银鳕鱼包好，放在玻璃盘上，倒入白酒并点燃，待火焰熄灭，剪开锡纸食用。客人能进一步加深"火中取宝"的美食印象。

火焰冰激凌。冰激凌外包蛋糕坯，压实，做成球形，沾匀蛋液，再粘匀面包糠，放入冰箱速冻。锅架火上，加入油，烧至

烹饪火候
PENGRENHUOHOU

　　六七成热时，投入外壳冻硬的冰激凌，炸至酥脆后出锅，装盘。将XO白兰地酒浇到冰激凌上，随即点燃。冰激凌处于淡蓝色的火焰之中。火焰熄灭后，将可可汁淋于冰激凌之上，然后切割食用。这道"冰火两重天"的菜肴，被烹饪专家称为"中西饮食文化结合的佳品"。

　　在西方，也有火焰美食的特色服务。例如，法式西餐中的"火焰香蕉""火焰草莓""苏珊特煎饼"，都是由厨师在厨房里进行前期加工，随即由服务员送到顾客餐桌旁，在服务车上完成最后的

火焰瞬间升腾，人们在惊奇中欢笑

28 火焰美食的火

烹饪：将度数较高的酒淋入装有菜肴的器皿之中，点燃。

美食无国界。

在北京奥运会期间，来自美国的火焰美食，也吊足了人们的胃口。位于北京朝阳区的一家日本料理ASAKUMA餐厅，是从美国带着铁板烧来到北京的。他们在延续日本传统风味的基础上，进行大胆改良：引入美国人推崇的调味料，让口感变化更丰富；把用餐环境转向放松，一改日式环境的矜持；以"花式铁板烧"现场表演的方式，先吊足人们的胃口：翻飞的食材在铁板上跃动，冲高几尺的火焰，此起彼伏。他们选用的菲力牛排，最适合在铁板上烤制。铁板可以保持300℃高温，只需很短的时间，就可以把牛排外皮烤熟，尽可能少破坏牛肉本身的芬芳因子。然后在牛排周围洒上白兰地酒，腾地一下，高大明亮的火焰升腾在人们眼前，用餐人的情绪便也随之"沸腾"……

2008年，奥运圣火一棒接一棒地传递，在这个充满传递热情的年份里，火焰美食也"火"了起来。

29

飞火炒菜的火

29 飞火炒菜的火

炒菜时，颠翻炒勺，菜肴在炒勺里上下翻飞，菜随火转，火随锅行，菜肴发出哒哒声，火苗传出呼呼响……

先是得心应手引来飞火，凌空而起；最后随心所欲一个颠翻，火光戛然而止。

这是职业厨师所掌握的独门绝技——"飞火"炒菜！

这在外行人看来，除了惊叹的目光，也有疑惑的眼神。

有人以为这是厨师不慎，炒勺中的热油接触了明火，从而导致起火，担心这样炒出的菜肴质地粗老，味道焦苦，色泽暗淡，不堪下咽。

有人指责这种"油燃火"，会给菜肴带来有毒物质，对人体健康不利，是厨师操作失误。

其实，这并非厨师的失误，而是外行人的误解。

"飞火"与"油燃火"，是性质不同的两码事。

"飞火"的"火"，是利用绍酒或香醋易燃且遇热后易于快速挥发的特性，有意识地引火起炒，使菜肴达到一种完美的境地。"飞火"的"火"与"火焰美食"的"火"，都是巧妙的"人工造火"。

通常，"飞火"炒菜前，先用绍酒、酱油、淀粉将原料腌浆好，然后投入烧热的炒勺，划散，滗去余油，再烹入绍酒或香醋，炒勺中顿时蹿出可达几米高的火焰，恰似节日的焰火。

按照不同菜肴的要求,"飞火"炒菜需要运用不同的翻勺法:

"珍珠倒卷帘翻勺法"——从后向前翻。

"花打四门翻勺法"——从前向后翻,从后向前翻,从左向右翻,从右向左翻。

巧妙地翻勺,才能正确地使用"飞火"。火焰忽高忽低,忽强忽弱,忽拢忽散。翻滚的火焰,像荷花在炒勺中绽放。所以,厨行也将"飞火"炒菜形象地称之为"翻锅绽莲"。

"飞火"炒菜,不仅适用于动物性原料,也适用于含淀粉较多或质地脆嫩的植物性原料。奇妙的是,"飞火"能使植物原料质地更脆嫩,色泽更好看——白的更洁白,绿的更翠绿。

厨师在运用"飞火"炒菜时,动作要迅速快捷,翻勺要稳准自如,口味要一次调确,火候要恰到好处,还要特别掌握好"飞火"的"引火"。

用于"引火"的绍酒和香醋,本来都是调味料,可"飞火"炒菜时,又都"身兼二职"。既起调味作用,又有"引火"功能。

就"引火"而言,如果绍酒和香醋的用量过多,炒出来的菜肴,就会有过重的酸味、苦味,也会因为火焰长时间不能熄灭,使菜肴变老、变柴,甚至焦煳;如果绍酒和香醋的用量过少,火焰出现时间短,菜肴则达不到脆嫩鲜香等预期效果。这就要求厨师根据不同的原料、不同的火候、不同的菜肴,掌握好绍酒或香醋的用量。这也如同厨行的那句名言所说——"好厨师一勺盐"。

说到"飞火"的"引火",还要特别注意炒勺的光洁滑润。有些厨师也很在意炒勺的使用,用水洗,用火烤,这样看起来干净,但仍不够光洁滑润。在"飞火"炒菜之前,洗净炒勺,再用

29 飞火炒菜的火

刷子粘些食盐面,反复刷锅。然后,"引火"颠翻时,炒勺光滑自如,炒出的菜肴也光亮润泽。

总之,"飞火"炒菜,是一种独特的高超厨艺,难度大,要求高,不可随意而为。

"飞火"现象,如今已不只出现在"闲人免进"的"厨房重地",还出现在具有观赏功能的明档厨房里。"明厨亮灶"的"飞火",有的则是为了招揽生意,刻意制造"飞火",吸引客人的眼球。这就有误导之嫌了。

"飞火"炒菜,是炒菜技法之一。应该指出的是,如果说炒菜是"旺火速成",那么"飞火"就是"旺火"中的"旺火",它不通过传热介质,直接用火燎烤原料。所以,更要强调掌控好"飞火"的火候。

"火焰美食"的火,是巧妙的"人工造火"

30

火锅里的火

30 火锅里的火

火锅,是烹饪行业的一个老话题了,怎样才能常写常新呢?笔者正在思考这件事的时候,一位朋友递过刚出版的《中国烹饪》杂志(2008年第9期),并翻至一篇报道:《重庆火锅有了"基因身份证"》。

火锅底料"发酵辣椒风味特征指纹图与精深加工关键技术研究"通过专家组验收,这标志着火锅也有了"基因身份证"——应用微生物发酵、色谱分析等技术,将产品形成过程中的细微特征变化以影像和波段图案记录下来。这相当于人类的DNA。有了这个"火锅的DNA",只凭口感、外观鉴别火锅质量的方法,将成为"过去式"。业内权威人士认为,这项科研成果有利于保护企业的技术品牌,把优质火锅经营得更火。

看来,火锅的"火",可以有两种理解:一是经营状况的"冷"与"火";二是火候的"火"。

对于火锅火候的"火",至少从清代开始就有了较大的争执。

清代美食家袁枚在其著名的《随园食单》里,阐述了"二十须知""十四戒"等烹饪理论,大都为人们所推崇。但是,他的"十四戒"之一——"戒火锅",却为后人所"不敢苟同"。

袁枚反对吃火锅,他给火锅指出三种过错,其中关乎火候的就有两种:一曰"各菜之味有一定火候,宜文宜武宜撤宜添,瞬息难差,今一例以火逼之,其味尚可问哉";二曰"物经多滚,

总能变味"。在他看来,各菜须有各菜的火候,且食物滚多了,总要变味。对此,后人提出不同观点:

《考吃》作者、著名烹饪学者朱伟说:"但袁枚忽略了,火锅把种种鲜味集合在一起,虽破坏了清纯,却自有搭配、调剂、变换之妙,火锅之美,是综合各种美食之美,绝非是混浊。"

《中国烹饪概论》主编、四川烹饪高等专科学校教授熊四智说:"袁枚厌火锅理由之一,觉得不应把各种不同质地的菜料同入一锅不分久暂的同煮。其实,四川人吃毛肚火锅恰恰是因料而施,随烫随吃,很注意鼎中之变。这样讲究的火锅吃法,何必列入戒条之列呢?"

《食相报告》作者、著名专栏作家沈宏非在《大话火锅》中,也写及"一些人极端地厌恶火锅,例如以精食著称的袁枚"。但是,沈先生以更充分的理由证明:火锅"人气与火头齐旺,时间与快乐俱长"。他说:"如果说饮茶是广东人的身份证明,那么全体中国人的身份认同,就是火锅。世界上很少有一个种族,像中国人这样热爱火锅。当然,法国人也偶尔来一道'布艮地锅',至于瑞士的芝士巧克力火锅,其实更像是一道甜品。"

看来,假如活了82岁的袁枚老先生再世,看到后人对火锅的嗜好,吃火锅的乐趣,涮火锅的技巧,也会重修"戒火锅"之论的。

火锅,既是集加热、烹制、装盛为一体的传统的烹饪器具,也是一种涮食的烹饪技法。无论从器具还是从技法的角度来看,火锅里的火,都是至关重要的。

炭火、电火、蜡火、酒精、液化石油气,都可用于火锅的热源。因此,也就有了种类不同的火锅:

30 火锅里的火

木炭火锅：由锅体、烟囱、火膛、底座、盖、托盘等部分构成，以木炭、煤球为燃料。

酒精火锅：上有铜或其他质地的锅，下有用于燃烧的酒钵。

液化石油气火锅：锅下有燃嘴、小液化气罐或送气管道。

电火锅：锅下有一个电炉。

面对这些热气腾腾的火锅，面对星罗棋布摆满餐桌的酱料、香油、香菜、姜丝、辣椒之类，吃火锅的人手持器具，夹起或荤或素的火锅原料，以大幅度的动作进行高频率的涮制，还得不时调节火力，控制火候，三头六臂，七手八脚，将餐桌变成了"厨

涮火锅的时间应控制在两个小时之内

房",自涮自食,边吃边聊,自然延长了用餐的时间。于是,有人说"除了满汉全席之外,火锅无疑是中餐里最能消磨时间的进食方式。"

据哈尔滨医科大学的一位营养学家介绍,火锅汤底烧煮90分钟以后,每千克汤底的亚硝酸盐含量超过15毫克。亚硝酸盐一次摄入人体内超过200毫克时,可造成人体缺氧,中毒。吃火锅时间过长,会使胃液、胰液、胆汁等消化液不停地分泌,导致胃肠功能紊乱,出现腹痛、腹泻症状,严重的可患慢性胃肠炎、胰腺炎等疾病。

营养学家和健康类科普文章,纷纷提出建议,涮火锅的时间应控制在两个小时之内。火锅里的火,应该适时熄灭。

31

煎：用中小火加热

烹饪火候

煎炒烹炸,是四种烹饪技法,却时常被用来代表中国烹饪的全部。

赵本山演的小品《十三香》,就有这样的台词:"煎炒烹炸味道美","才知你用的是十三香"。其实,要煎出好滋味,光有十三香是不够的,还必须有恰到好处的火候——用中小火加热。

煎制菜肴的火候运用,通常有三个步骤:

第一步,把锅烧热,锅里多放些油,摇晃几下,锅壁吸足油,均匀光滑,防止煎制时原料粘锅。

第二步,晃锅后,端离火口,把主料逐片平码在锅内。

第三步,锅回火上,用中小火缓缓煎制,适时铲动,防止粘锅,当一面煎好后,翻身煎另一面。

煎制菜肴,酥脆性略小于炸制品,软嫩性略高于炸制品,具有独特的质感和口味:外香酥脆,内软嫩滑,无汤无汁,甘香不腻。

煎制技法,不仅能制作煎鸡脯、南煎丸子、干煎鳜鱼等菜肴,也用于煎油糍、煎粑粑、油煎饼等面点制作。不论菜肴还是面点,煎制时必须用中小火加热。拿煎制菜肴的原料来说,一般会有四点要求:一是主料单一,即使用于"围边"起衬托和美化作用的辅料,也不能与主料同煎,需要另行制作;二是原料加工成片、块、段等扁平形状,面积大而薄;三是煎制前用盐、糖、

31 煎：用中小火加热

酱油、料酒、味精等调好主味，加热过程中不再调味；四是原料挂糊，将片、块、段等形状的原料直接放入糊内，用手抓捏均匀，有的还要再涂抹或滚沾一些面粉、面包渣、干淀粉。

菜肴原料只有满足了煎制技法的要求，才能适应煎制技法的火候，"中小火，温热油，只煎不炒"。

为了确保煎制的"中小火"，聪明的厨师还采取"热锅冷油""浇凉开水"等方法，控制火候。

煎鱼时，如果鱼体表面水分过多，火旺油少，翻动过早，就会出现甩皮露肉现象，既失去了鱼的形态美，又浪费了焦香可口的鱼皮。如果采用"热锅冷油"的办法，待鱼体表面出现一层脆硬的外壳时翻身，鱼就不会脱皮了。

煎蛋时，勺内的温度必须控制好，严格按照煎制技法的火候要求操作。否则，蛋的水分蒸发过快过多，就会失去鲜嫩，质老干硬，影响菜肴质量。在将要煎熟的蛋上浇点凉开水，就能起到减弱火力的作用，煎出来的蛋，鲜嫩多了。

利用中小火煎制，也是多种烹饪技法的加热第一步。先将菜肴煎制一下，能使菜肴外层蛋白质骤然凝固，形体挺实，不易破碎。粘挂浆糊的菜肴，通过煎制，使糊衣受热定型，形状整齐，形态美观。所以，烹饪技法中就有了煎与其他技法的组合：煎烹、煎蒸、煎烧、煎焖……

在古代，煎有多种含义，常指爊、熬、煮、烧等技法。后来，由于煎在加热过程中只是晃锅或铲动原料，没有翻炒颠勺，逐渐形成了有别于其他烹饪技法的特点，也在一些烹饪古籍中留下了记录。北魏的《齐民要术》，记录了"鸡鸭子饼"：将蛋液下入"锅铛中,膏油煎之,令成团饼"。还记录了"鱼肉饼":将鱼肉制成茸泥,"手团作饼,膏油煎之"。南宋的《山家清供》,以"酥黄独"为例,记录了"拖面油煎法"中的"挂糊煎"。《岭南代答》则记录了"自裹煎法":"煎鱼不加油,利用鱼所析出的油煎制。"元代的《居家必用事类全集》,又出现了"瓢煎"的"七宝卷煎饼"。明代,特别是清代以后,还增加了酥煎、香煎等煎法。现代的煎,则根据不同的加工方法和调味品,分为7种煎法:干煎、糟煎、酒煎、香煎、瓢煎、酥煎、水

天津人首创煎饼馃子

31 煎：用中小火加热

油煎。

运用中小火候煎制美味佳肴，不仅是中国沿用几千年的传统烹饪技法，而且也为西餐烹饪所通用。

俄式烹饪中的煎，也不用急火，是用"文火慢慢将原料煎熟"的。在俄罗斯的菜谱里，有一道"软煎猪肉片"的名菜。选用的原料是：嫩猪肉4两、鸡蛋1个、面粉1钱、植物油4钱、精盐、胡椒粉各少许。制作方法是：把猪肉切成4~5片，用刀拍成薄厚均匀的大片，铺平后撒上精盐和胡椒粉，蘸匀面粉，放到打散的鸡蛋糊里裹匀，再下到烧热的油煎盘里，用文火将两面煎成金黄色即成。这样的"软煎猪肉片"，因为火力较小，加热时间较长，具有中餐煎制菜肴"外香酥，内软嫩，肉熟透"的特点。

然而，法国的煎制火候，却与俄罗斯的"软煎猪肉片"大不一样。法国人喜欢用急火热油煎，让原料迅速上色，特别是"牛排"之类的肉类菜肴，通常以其内部还带有血津为好，吃的时候，蘸热少司。

32
贴是一面煎

32 贴是一面煎

锅贴鱼、锅贴鸡、锅贴虾、锅贴豆腐……采用贴制技法制作的菜肴，随处可见。

在山东省济南市，有一种传统名小吃，干脆就叫"锅贴"，面皮包入馅料，做成大饺子形状，放到平锅里，贴熟之后，面皮白嫩，底面焦黄，皮薄馅香。

贴，在鲁菜烹饪技法中占有重要位置。《山东老菜谱》里就有这么一句："贴是一面煎。"

贴，虽然在火候运用上与煎相同—用中小火，但由于只能贴一面，不能翻身贴，贴制技法的操作，也就自有独到之处。

在煎一面的过程中，为了使另一面也随之快速成熟，要用小铲不断地铲油，轻轻淋浇到主料上。贴比煎用油量大，而且要在贴的过程中适时加油。当一面煎好之后，要加入调味清汁（不加入淀粉汁），盖紧锅盖，稍焖一下，使汤汁产生热气，把主料焖熟，入味。

由于只煎一面，热油淋浇主料，加汁焖制入味，便形成了贴制菜肴独有的风味特色。在色泽上，一面金黄，一面洁白，黄白相间，鲜明亮丽；在质感上，一面酥脆，一面软嫩，具有浓郁的油香气。两种颜色和两种口感美妙地结合，使贴制菜肴给人一种精工细作的感觉。

江苏省南京市传承百年的牛肉锅贴，就是其发明人金洪义精工细作的成果。他坚持"宁缺毋滥做拿手菜,精益求精潜心新产品",为后人留下了开发"牛肉锅贴"的美谈。

金洪义是清真饭馆的厨师,有祖传厨艺,善于钻研。他先是以制作牛羊肉菜肴叫响,后来又以制作"筒子鸡""盐水鸭""桂花鸭子"等鸡鸭菜肴闻名。不管制作什么菜肴,他都强调"没有好的原料是不行的"。在专攻鸡鸭菜肴时,他必用当年的好鸡好鸭,选料十分严格。可是,后来由于没有理想的原料,又不愿意凑合,就洗手不干了。

有一次,一位好朋友家办喜事,特意请他做几桌鸡鸭席。这让金洪义好生为难:不应吧,好朋友情面难却;应了吧,好鸡好鸭都被高官显贵的家厨弄走了,市场上全是老鸡老鸭,没

锅贴是饺子的"升级版"

32 贴是一面煎

有合适的原料。他思考再三,还是"友情为重",凭借自己的厨艺,勉强做了一席。宾客们吃了,都说很好,照样的拍手称赞。可是,金洪义却高兴不起来,觉得这样下去,厨艺难以保证,独特的菜肴风味也要受到影响。于是,他又重新在牛羊肉菜肴上打主意,决定另辟新路。

牛羊肉菜肴,品种很多,做什么才能有自己的特色呢?他思来想去,反复试验,精选牛肉做馅,给平民大众包饺子吃。饺子馆开张营业,生意也还做得不错。

可是,过了一阵子,金洪义发现两个问题:一是到处都有经营饺子的,竞争激烈;二是饺子里的牛肉馅一煮,很难保持鲜嫩,味道也不好调。他觉得这样下去也不行,还得再想办法改进。

有一天,他在街上转,忽然听到一家铺子卖爆牛肉,便走了进去,认真品尝。十分鲜嫩的爆牛肉,给他以启发:牛肉,是爆炒,还是蒸煮,不一样的烹饪技法,不一样的火候,也就不一样的鲜嫩程度。照此推理,非煮即蒸的饺子,如果一改常规,不煮也不蒸,而是贴——面煎,会怎么样呢?

第二天,金洪义的牛肉馅饺子不再大锅煮、小锅蒸,而是重改炉灶,用平锅制作锅贴!

锅贴出锅,别有风味。众人对这"改版的饺子"大加赞赏。他接着又在馅料、烫面、配方上下功夫,终于研制出"牛肉饺子的升级版"——"牛肉锅贴",成为南京经久不衰的名小吃。

金洪义首创"牛肉锅贴"之后,厨行中很多人跟风学贴。可是,有的厨师嫌贴一面成熟慢,又费事,就采用"两面贴"的办法,变成了"煎"。还有的甚至加入较多的油,类似于炸。其实,这已经不是锅贴制品了。

当然,在掌控贴制火候时,原料"只贴一面,不能翻身",但在实际操作中,并不是非"一面煎"不可,而是也有一定的灵活性。有些锅贴制品夹入虾馅、鸡馅等馅料,以增加成品风味。由于原料层次增多变厚,只是"一面煎",难以使主料和馅料完全成熟。因此,也不是完全不可以将原料翻身,贴两面。但对于通常不该贴的那一面,只能稍贴一下,以加速成熟,贴的时间不可过长,不能影响本色(不能贴成金黄色,以淡白色为度)和软嫩。

这样,虽然贴了两面,却仍可保持贴制的火候特点和成品的风味特色。

33

塌是煎的发展

烹饪火候

煎、贴、塌,是不是各自独立的烹饪技法?这是一个很有些争议的话题。

2001年5月,《中国烹饪》杂志刊登文章《烹饪技术的三朵花——煎、贴、塌》。很显然,这是主张煎、贴、塌"三足鼎立"的。文中写道:"在烹饪技艺园地里,煎、贴、塌,是三朵盛开的鲜花,各放异彩。"

2005年9月,《中国烹饪》杂志第九期刊登文章《厨门识"贴"》。该文"致力于将贴的真实身份还原",即"'贴'并不是单独作为一种独立的热菜烹调方法,它只是煎法的一种辅助过程,是烹调工艺流程中美化菜肴形态的一种技术手法,其菜品真正的成熟方法仍然是煎。若非要把'贴'作为一种烹调技法的话,它也只能属于煎的范畴,称为'煎贴'或'贴煎'更为确切。"

这里说的是"贴",其实也和"塌"有关。"在餐饮业中,把煎、贴、塌三法视为同一类型的技法,即都是选用易熟细嫩的原料作为主料,都要经过加工切配,都要挂糊,都是用中小火力、少量油、较长时间加热制成菜肴。而成品的风味特色也大致相同,比如,色呈金黄,外酥脆、内软嫩、干香不腻。"这段话写在《中国烹调技法集成》里。很明显,这里不仅把"煎"和"帖"划归一类,还把"塌"也加了进去。

烹饪技法林林总总,对煎、贴、塌的讨论,有益于赋予烹饪

33 塌是煎的发展

技法正确的定义，至少是把基本技法的定义加以明确，再进一步与类似技法作比较，从而在原理上找出不同特点，在实践中掌握技法要领。本文试从火候上说明煎、贴、塌的异同。

煎、贴、塌，都用中小火，不容置疑。但是，深入研究它们所用的火候，还是有区别的。

塌制菜肴时，当原料煎制两面金黄之后，要立即放入适量的鲜汤、料酒、酱油、姜汁等调味料，盖上锅盖，旺火烧开，再转入小火㸆，㸆至汤汁全部浸入原料内部，无汤无汁，淋入香油出锅。这个塌制过程中的火候，比煎制多了一个"旺火烧开"，是煎制基础上的"深加工"。正是有了这个"深加工"，菜肴的质感也发生了明显的变化，与煎制菜肴相比，既相似，又有区别。塌制菜肴质感比煎制菜肴更加香酥软嫩，也更加味浓醇厚。所以，也就有理由得出这样的结论：塌是煎的发展。

下面，我们来看看山东名菜锅塌豆腐的塌制：

将豆腐切成长3厘米、宽2厘米、厚0.7厘米的片，摊在案板上，撒上少许盐和葱姜末，两面蘸上一些面粉，放入蛋糊中拖过挂糊，再摊入油锅中，煎至外皮凝固、色泽金黄时，放入鲜汤和调味料，盖上锅盖，用小火㸆，㸆至豆腐孤起，汤汁全部渗入，淋油出锅。

也有的锅塌豆腐用料多，工序也复杂一些，但不变的是"先煎后塌"：

将豆腐切成长5厘米、宽2.5厘米、厚1厘米的片，每两片中间夹少许肉茸馅，共夹12片，放入笼中蒸制。另把鸡蛋搅拌均匀，加入料酒、精盐、面粉、湿淀粉、味精，搅成糊。在大盘上抹一层糊,将豆腐片排成两排放在糊上,再在豆腐上抹一层蛋糊。炒锅放火上,加油沾满锅底,油五成热时,把豆腐摊入锅内,一面煎至浅黄后,翻过来,再将另一面煎至浅黄。放入葱姜丝,加入清汤、料酒、酱油、味精等调成的味汁,盖上锅盖,旺火烧开后,用小火㸆,汁水收尽时,翻扣于盘内。

不论使用什么原料制作的锅塌豆腐,都能显现出塌与贴的区别:塌是先煎后㸆,而贴是一面煎。

一般来说,煎、贴、塌还有三点不同:一是在主料上,煎法只用单一主料;贴法用两种以上主料;塌法既可用单一主料,

塌制菜肴,用中小火,质地鲜嫩,口味浓厚

33 塌是煎的发展

也可用多种主料。二是在原料加工上,煎法主料加工成扁薄的长方形;贴法主料既可加工成长方形,也可加工成圆形;塌法主料可加工成正方形,也可加工成菱形。三是在风味特色上,煎法是两面金黄,外酥脆,内软嫩;贴法是一面金黄酥脆,一面本色软嫩;塌法的风味质感与煎法大体相同,但表面的酥脆性不如煎法,内部的软嫩度超过煎法,滋味也比煎法厚。

由煎到贴到塌,充分体现了烹饪技法的与时俱进。煎制是基础,贴制和塌制都是煎制的变化和发展。在煎、贴、塌三种技法各自独立的情况下,塌制技法毫不示弱,塌法多多:锅塌、油塌、水塌、糟塌、松塌、南塌……

需要说明的是,各种塌制技法的区别,通常与火候关系不大,甚至没有关系,主要在于原料的加减。比如,"糟塌",要加些香糟;"南塌",要加些糖;"松塌",要加些松子仁。

34
三分墩,七分灶

34 三分墩,七分灶

赵本山演小品《卖拐》时,说过这样一句台词:"你以前是切墩的。"

切,指切菜;墩,是"砧墩"的简称,也称剁墩、菜墩、砧子、砧板、刀板、菜板。

"切墩的",特指从事烹饪原料刀工处理的厨师。

厨行谚语也说到墩:"三分墩,七分灶。"这里的"墩",也是指刀工。说的是刀工与火候的"三七开":墩上刀工占"三成",灶上火候占"七成"——强调制作菜肴的火候更重要。

菜肴原料有老有嫩,有大有小,有厚有薄;产生热源的物资有煤、液化器、电,传热介质有油、水、蒸气,等等。面对那么多的复杂因素,能制作出色香味俱佳的菜肴,是多方面作用的结果。其中,最为关键的,是运用好火候。大火、中火、小火、微火,该用哪个?该不该混合用?该用多长时间?都是对临灶者火候功夫的检验。所以,与墩上的刀工相比,灶上的火候很重要——"七分灶"。

在一次厨师座谈会上,谈及烹饪火候与菜肴质地的关系时,一位名厨用三个"加热",道出热菜用火的普遍规律:"加热时间短则嫩,加热时间长则透,加热时间久则烂。"接着,他又提出三个问号:"怎么才能嫩而不生?怎么才能透而不老?怎么才能烂而不化?"答案当然是加热的火候。他是在进一步证明"七分灶"的道理。

烹饪火候

一般来说，制作菜肴不是把原料放入锅里直接受热，而是借助不同的传热介质来传导热量，使原料由生变熟。因此，菜肴达到"嫩而不生、透而不老、烂而不化"的标准，不能只是看火苗的大小强弱，还要了解那些传热介质的特性，才能抓准火候，正确传热。传热方式主要有如下几种：

1. 用油传热。油含有丰富的营养成分，受热后温度变化幅度大，能产生高温，适应多种烹饪技法的要求，能出现种种独特的效果：菜肴成熟快，节省烹饪时间；易于驱散原料表面的水分，干燥收缩，凝结薄膜，保护原料内部的浆汁不外溢，形成外焦里嫩的口感；改善菜肴色泽，使之艳丽光泽；将韧性原料卷缩成麦穗花等美观的形状；对香味原料有增香作用。如果火候控制不好，油温过高，原料就会炭化、发黑、变苦。

水的沸点是100℃，超过沸点就会气化逸出

34 三分墩，七分灶

2. 用水传热。水的沸点是100℃，不管使用什么样的火力，它都不会超过这个温度，因为超过沸点就会气化逸出。水靠"对流"传热，传热能力比油差。原料浸没于汤水之中，不易脱水，能较好地保持原汁原味。质嫩的原料，仍具有鲜嫩的特点；老韧的原料，则可变得酥软。在多种烹饪技法当中，有不少是用水传热的。用水传热的火候，主要有两种调节方法：一是冷水不断升温传热。清除肉类的异味和血污；清除笋、萝卜等蔬菜的涩味、苦味；预制加热不易成熟的土豆、山药等蔬菜。二是沸水传热。旺火烧沸，水面始终滚开，冒大泡，适用于涮、氽、汤爆，原料只能在水中一过，时间极短，稍长就会变老；旺火烧开后，转入中火，水面冒泡，适用于烧、烩、扒，用火时间因原料性质而异，短的几分钟，多则半个小时左右；旺火烧开后，转入小火或微火，水面中间冒小泡，四周冒泡更小或不冒泡，适用于吊制清汤，用火时间一般要1个小时以上。

3. 蒸气传热。蒸气的温度低于油而高于水。旺火沸水产生的蒸气，性质猛烈，气体直上，适用于蒸熟不蒸烂的菜肴；中火沸水的蒸气，性质较为猛烈，气体有时直上，有时摇摆，适用于酥烂的菜肴；小火沸水的蒸气，气体围绕锅边、蒸笼，缓慢上升，力量变小，适用于造型美观的花色菜肴。

菜肴加热制熟，除了以油、水、蒸气为传热介质，盐、砂粒也能传热，还有干热空气、辐射热能等。不管是看得见的熊熊火焰，还是看不见的各种热源，只有认真研究和熟练掌握，才能练好"七分灶"的功夫，在烹饪活动中更好地利用火候，烹制出各种精美的菜肴。

35
三分做功,七分火功

35 三分做功,七分火功

红烧肉、鱼香肉丝、宫保鸡丁等菜肴,与面包、月饼、蛋糕等面食相比,使用的原料、加工的技法、成品的要求,都不一样。所以,厨师当中就有了"红案"和"面案"之分。但是,对于火候重要性的认识,红案和面案却是一致的。红案厨师说,"三分技术,七分火候";面案厨师说,"三分做功,七分火功",都是火候占"七分"。

且说面案的"七分火功"。

面食制品,造型美观,色泽鲜明,质感各异,品种繁多。这些特点,都离不开恰当的火候。加热制熟,是面食制品的最后一道工序,十分关键。因此,面案厨师对"火功"的重视程度,要比"做功"多几分。

膨松面团、油酥面团、混酥面团等坯料,经过加热,会发生一系列物理的和化学的变化:外部形成金黄色韧脆的外壳,对内部起到"保护层"作用,内部膨大疏松而富有弹性。

面食制品的受热方式有三种:一是辐射,烤炉内热源辐射,直接被制品吸收;二是对流,烤炉内热空气与制品表面的热蒸气对流,使制品受热;三是传导,金属烤盘或模子受热后,将热能传递给制品。这些热能,有的来自面火,有的来自底火。拿"底火"来说,面案厨师经常提起"郧阳高炉饼"的历史故事。

《郧阳县志》记载:"帝王不食跨下饼,搭设高炉超冠饼。"

这说的是春秋时期,楚平王之子外出游玩,看到别人买烧饼,吃得津津有味,也想尝尝,可想到那些烧饼是在低矮的炉灶里烘烤出来的,是"下人之食",自己身为太子,吃了有失身份,欲尝又罢。

回宫之后,为了满足太子这一食欲,御厨找来木匠,做一个5条腿的木架,1条腿上搭放洁白的毛巾,4条腿架起烤炉,烤炉上覆盖铁锅,下面用木炭燃好底火。制饼前,先用洁白的毛巾把手擦干净,然后将做好的饼坯放在手背上,举过头顶,贴在倒置的锅底上,直到烤熟。

这特制的烤炉,果然与众不同:腾空而起,高人一头,称为"天炉"。所制之饼,也因炉而名,称为"高炉饼""天炉饼""天炉烧饼"。

正如"心急烙不好饼",掌握好炉温,面食才能烤制好

35 三分做功，七分火功

太子见炉欣喜，饼也味美，便大加赞赏，说这饼"色黄味香，外酥里软，味道醇美，冷热皆宜"。从此，"高炉饼"成了宫廷的御膳美食。

后来，宫廷的"高炉饼"流传到民间，饼的名称加上了首创这种饼的地名，叫"郧阳高炉饼"，也成了湖北的传统小吃，成了面食制品运用"底火"的一个范例。

面案厨师说，炉内的面火和底火，是强是弱，既要严格掌握，又要灵活运用，难度很大。因此，就有了面案"三分做功，七分火功"的说法。从生坯入炉前的摆放，到制品出炉的全过程，火候都是重中之重。

生坯摆放，要有一定的间隔，留出制品胀发后所需的空间，防止粘连在一起。生坯摆放过密或过疏，都会影响制品底部上色。热量集中于过疏的生坯，还容易出现底部焦煳。

生坯摆放到预热的烤炉之后，炉温在200℃左右为宜。炉温过高，制品外焦里生；炉温过低，制品表面光泽度差。不同的制品，需要不同的炉温。炉温或高或低，应适时调节，准确控制火候。通常，面食制品运用"先高后低"的火候。坯料刚入炉时，炉温高一些，待制品表面略微上色后，降低炉温，让热量缓缓渗入制品内部，内外成熟一致，制品光泽度也好。

面食制品的加热时间，也应灵活掌握。薄而小的制品，烘烤时间短；厚而大的制品，烘烤时间长。酥点、饼类制品，需要挥发的水分多，烘烤时间长；蛋糕、面包类制品，需要保持柔软性，烘烤时间短。炉温高，烤制时间短；炉温低，烤制时间长。

36

三分技术,七分火候

36 三分技术，七分火候

写过红案的"三分墩，七分灶"、面案的"三分做功，七分火功"，又一句厨行名言被笔者敲进电脑："三分技术，七分火候"——还是"三七开"。

"三七开"，说的是一种比例关系：三成与七成，十分之三与十分之七，30%与70%。用"三"和"七"划分开来，孰轻孰重，自然分明。中医大夫说，亚健康应"三分治，七分养"；家具专家说，木制家具"三分木工，七分油工"；作家说，读书"三分在看，七分在想"；朋友说，酒喝个"三分醉，七分醒"；汽车行业4S店的师傅说，轮胎也要"三分修，七分养"。诸如此类的"三分……七分……"为人们所公认和接受。

同样，厨行的"三分技术，七分火候"——其他技术共占"三分"，唯有火候独领"七分"。从古到今，都是这样划分的。

最早谈及火候与烹饪的《吕氏春秋·本味篇》说，依酸甜苦辣咸这五味和水木火这三材来施行烹饪。鼎中九次沸腾就会有九种变化，这要靠火候来探测调节。有时用武火，有时用文火，清除腥、臊、膻味，关键在掌握火候。只有掌握了用火的规律，才能转臭为香。

到了清代，袁枚在《随园食单》中专门有一节关于火候的论述。他也认为，烹饪食物的关键是掌握火候。他还列举许多事例加以证明：煎炒必须用旺火，火力不足，煎炒出来的东西就会疲软；煨煮必须用温火，火猛了，煨煮出来的食品就会干瘪；要收汤的食品，应该先用旺火，再用温火，如果心急而一直用旺火，食物就会外焦而里不熟；腰子越煮越嫩，蚶蛤则稍多煮就会不嫩；善于用火候的厨师，做出来的鱼，应该临吃时还是色白如玉，肉凝而不散，是活肉，而色白如粉，松而不粘者，就是死肉；如果灭火之后再烧，菜就会走油失味，烹饪时，揭锅的次数多了，做出的菜就会多沫而少香。

烹饪食物的关键是火候，也就是"三分技术，七分火候"，不仅写在烹饪古籍里，也体现在普通百姓的烹饪实践中。在胶东半岛，有一个流传了几百年的饮食故事，故事里的民间风味小吃，名为"三把火伙食"——厨师的火候功夫好，只用三把火，就能把"伙食"制熟，也就有了这样一个小吃名称。

那是很久以前，云南人逃荒来到胶东半岛，聚居在山东省荣成市斥山镇盛家村。他们带来了一项制作"三把火伙食"的面案技术：以面粉、引子为原料，加入清水，连揉带搓，入模成型，制成饼坯，入锅加盖，每隔9~10分钟烧一把火，三把火过后，揭开锅盖，给饼坯翻个，略烘背面之后，即可出锅食用。这饼，色泽白中透黄，一面酥脆，一面柔软，有咬劲，不粘牙，耐储藏，特别适合渔民出海作业携带，很受欢迎。于是，村里人纷纷做起"伙食"生意，盛家村成了闻名的"伙食村"。

后来，十里八村也有学做"三把火伙食"的，却苦于这"三把火"不好掌握，要么火大火急烘得焦煳，要么火小火慢烤而不熟。有人正为此着急上火之时，行家指点道："三把火伙食"，实际用的是"四把火"——除了烤制时的"三把火"，还有饼胚

36 三分技术,七分火候

下锅前热锅用的"一把火"。

"三把火伙食"和"熊猫"这个名词一样,已相习成俗,很难改变。

在生物学上,熊猫属于"猫熊科",正确的名词应是"猫熊"。因为它的生物特性似熊,只不过黑白相间的外貌有点像猫,所以叫"猫熊",意即"像猫的熊"。它绝不是"像熊的猫"。熊猫专家曾指出"猫熊"被误叫成"熊猫"的缘由:在中华人民共和国成立前,重庆北碚博物馆展出熊猫标本时,说明牌上的字是横写的,写着"猫熊"。当时,人们习惯于自右向左认

慢火蒸鱼,把鱼蒸烂了,也蒸破了

烹饪火候

读,便误把"猫熊"读成"熊猫"。渐渐地,这一错误的名词越传越广。

与"熊猫"的习惯叫法很相似,由于人们更看重饼坯入锅后的"三把火"功夫,而忽略了此前热锅的"一把火",以至听惯了"三把火伙食",一听到"四把火伙食"反而觉得别扭。所以,也只好像已经叫惯了"熊猫"那样,听其自然,不改为便。

但是,从"三把火"到"四把火"的"较真",弄清了一个事实,也说明了一个道理:在运用火候的实践中,必须"斤斤计较"才行。

在整个烹饪活动中,火候占有"七分"之重,那是因为它与烹饪原料、刀工处理、传热介质、烹饪技法、菜肴口味、食物营养、食品安全,都有着很直接的关系。以火候与刀工的关系为例,只有火候适应刀工加工后的原料,才能"刀下生花,油里开花"。

37
旺火热油炸

烹饪火候

炸油条,是人们再熟悉不过的炸制技法操作了:旺火热油,长筷子翻转,金黄色捞出。可是,从什么时候开始有炸油条的呢?这却鲜为人知。《万事由来》这样介绍"油条的由来":

1142年1月27日,汉奸丞相秦桧在临安(今杭州)杀害了抗金英雄岳飞。消息传出,人们敬仰精忠报国的民族英雄岳飞,痛恨卖国求荣的丑恶奸贼秦桧。汴梁两个油饼商贩谈论此事时,忍不住做了一个面人秦桧,又做了一个面人秦桧老婆,然后,异口同声:"炸了他们才解恨呢!"随即,将两个面人压在一起,投入油锅,称之"油炸桧"。人们争相购食,以解愤恨。用"油炸桧"谴责奸邪的怒潮,很快传遍全国。从此,各地都有了"油炸桧"的食摊。后来,制作过程有所简化,"油炸桧"也称油条、油果、馃子、炸果子。

炸油条,从南宋至今,已有近900年的历史。一直以来,炸油条离不开旺火热油。

炸制菜肴时,使用旺火,在短时间加热,原料快速成熟,能凸显油介质刚性火候的效应,形成菜肴良好的质感和干香的味道。

炸是所有烹饪技法中用油量最多的。虽然实际耗油不一定很多,但炸制时油量必须多一些。不管原料体积多大,炸制时必须用油将其淹没。炸整鸡整鸭,至少用油2500~3000克;炸小块碎料,一般也要用油1000克以上。没有足够的油,就不能形成炸制

37 旺火热油炸

的风味特色。油量的多少，油温的高低，都与火候大小有关，直接关系到成品的质量。

控制炸制的火候，应根据不同情况，凭借临灶经验，通过观察锅内原料受热后体积、色泽等变化，区别对待。一次性炸制的品种，油温相对低一些，加热时间长一些。运用复炸法，第二次炸制时，油温应稍高一些，加热时间短一些，有时需要采取离火、半离火或浸炸的方式进行火候调节。还要善于控制原料下锅的轻、重、快、慢，保证原料及时划开、移位、转动、均匀受热，及时出锅。

油温变化极快，很难驾驭，随时可能出现火候或大或小的问题。好在"办法总比问题多"。一代代厨师创造和积累了丰富的经验，把炸制的各种火候运用得恰到好处。

大沸油用于浸炸和浇炸。浸炸是在原料下锅后，立即离火缓炸，油温不高，成品就不易炸熟；浇炸是把大沸油浇在原料上，油温不高，也不易成熟。

沸油用于酥炸和干炸。因为这些技法的成品要求酥脆，必须在油温较高的情况下才能形成。

热油用于软炸。成品内部软嫩而外部略脆。

温油用于松炸、板炸、纸包炸、卷包炸、吉力炸。如果油温过高，这些成品就形不成特色，特别是以面包渣为外包原料的板炸和吉力炸，油温一高，极易焦煳。

根据不同的炸制技法，准确控制油温，是炸制火候的一般规律。在实际应用中，由于原料的质地、形状和成品口味的不同，还有诸多差异。

拿原料来说,老和嫩,大和小,水分的多和少,乃至数量和形状,都有些区别,对火候的要求也就不能完全一样。在炸制火候一般规律的前提下,应适当调整火候。比如,原料质地老或体积大,下锅时油温要相对高一些;原料质地嫩或体积较小,下锅时油温要相对低一些。火力旺时原料下锅,油温应低一些;火力弱时原料下锅,油温应高一些。如此等等,控制炸制火候,必须小心仔细,精益求精。

清炸,是最古老的炸制技法。清炸的火候很难掌握,稍一疏忽,就会出现焦煳现象。所以,人们才发明了各种各样的"挂糊炸":生料蘸淀粉的干炸、熟料挂糊的酥炸、小型原料挂糊的软炸、带皮原料涂抹糖浆的脆炸……

运用炸制技术,必须有足够的油

38
急火速成熘

烹饪火候

有一句烹饪谚语叫作"急火速成熘"。说的是熘制菜肴，火候要急，成菜要快。这和"旺火热油炸"有"异曲同工"之妙。熘是炸的延伸。

一次性成菜的炸制菜肴，炸后即食，通常要在炸制之前完成基本调味。为了打破这个局限，人们采取了给炸制原料"预熟处理"的办法。于是，延伸出另一种烹饪技法——熘。

熘，也称溜，最早出现于南北朝时期。"臆鱼法"和"白菹法"，是熘的胚胎。宋代出现了"醋鱼"——鱼炸制成熟之后，浇淋预制的醋汁。明清以后，"熘"正式出现在食书上，《调鼎集》中记录了"醋熘鱼"，当时主要是酸、咸口味。如今，熘制菜肴的味型已经有了很大的突破。例如：醋熘白菜的醋香型、鱼香肉丝的鱼香型、滑熘里脊的咸香型、糟熘鱼片的糟香型、糖醋鱼仁的糖醋型……

味型源于熘汁。

熘汁的方法不同，对原料初步熟处理的火候要求也不一样。淋汁熘，要求原料七八成熟，因为还需入锅加热一次；卧汁熘，要求原料刚熟，以便与熘汁制作同步进行；浇汁熘，要求原料熟透。

原料不同，采用的熘法也不一样。原料滑润，菜肴带汁，需淋汁熘；原料形体大或特别细嫩，难以翻动调味，翻动时容易破碎，适合浇汁熘；原料是块、片、丁、丝等小料，还需加热调味的，适合卧汁熘。

38 急火速成熘

总起来说，熘属于旺火速成的烹饪技法。由于原料初步熟处理的火候不同，菜肴的质感和口味都有一些差异。因此，反映熘制技法的实质特点，除了熘汁，还取决于熘法：焦熘、滑熘、软熘。这3种熘法，都强调火候的旺和急。

1. 焦熘。旺火炸熟原料之后，用熘汁调味成菜，成品外焦里嫩，所以称为"焦熘"。焦熘需两次加热。第一次加热是原料预制，要油量大，火力旺，油温控制在八成左右。由于油温高，必须给原料加上一层"保护膜"——挂糊。所挂之糊，用蛋黄调制的蛋黄糊，用淀粉调制的水粉糊，经过高温油炸，凝结挺拔，焦酥香脆。第二次加热是焦熘：一边炸制原料，一边调制味汁，紧密配合。同一时间完成原料炸熟出锅和制成味汁。趁原料炽热时盛入盘中，随即浇入刚刚制好的味汁，味汁四散，覆盖全部主料，要的就是这个"火候"。松鼠鳜鱼、熘鸡卷等焦熘菜肴，还要趁热食用，吃得就是那个"火候"。放置过久，菜肴变凉，汁泻汤流，也就失去了焦熘的特色。

松鼠鳜鱼，急火速成，焦熘特色

2. 滑熘。急火保持菜肴鲜美本味和柔滑质感的熘法。滑熘的"滑"，焦熘的"焦"，在质感上完全相反。滑熘的火候很有讲究，先是滑油时用柔性的中火、小火，随后则是熘汁时的刚性烈火。具体来说，滑油时用不足五成的温油，原料下锅即划开，防止粘连成坨，当油温升到六七成时，原料变色，浮出油面，即已滑好，全过程只有半分钟到1分钟时间，观察要准，出手要快。滑熘肉片、滑熘鸡片、蚝油牛肉，都是滑熘的代表菜，有红、白两种颜色，多为咸鲜味，熘汁较多，宜用汤盘盛菜。

3. 软熘。急火保持菜肴鲜美本味和特别软嫩效果的熘法。软熘的"软"，是指主料柔软细嫩。软熘的火候和手法都突出一个"急"，加热时间要短，以原料断生为度。加热时间长，肉质就会发粗变老。软熘原料的制熟，通常采用旺火，水要沸，油要热，气要足。如果水煮，其实更接近于焯烫和浸烫，通过热水将原料烫熟。软熘的急火，至少有两点好处：一是防止鲜味物质在长时间加热中流失或转移到汤水中；二是旺火高温使热量迅速传至原料内部，使原料"血水净"，肉质嫩。在相当长的时间里，软熘菜肴的品种不多，似乎只有鱼才能软熘，如今用于软熘的原料不断增加，有软熘鸡脯、软熘鸭心、软熘肉片。还有以鸡茸泥、鱼茸泥等流体状原料制作的软熘菜肴。例如，内蒙古的软熘鱼茸牛蹄筋。

熘，在一些地区还根据调味汁的不同，以口味划分熘制菜肴的类型：偏甜的糖醋熘；酸味较重的醋熘；香糟味浓的糟熘；突出甜酸辣口味的煎封熘。虽然口味不同，但在火候掌握上却是一致的。正是急火速成熘的出现，才形成了熘制菜肴特有的优势：比炸制菜肴多了卤汁，比煮制菜肴多了复合味。

39
逢烹必炸

烹饪火候
PENGRENHUOHOU

简略地说出烹饪技法，人们常常只提4种就够了："煎炒烹炸"。这4种具有代表意义的烹饪技法，不是按时间的"先来后到"排列的，而是一种并列关系。这是因为，"炒源于煎"，而"烹源于炸"。厨行还有"逢烹必炸"的定论。烹是炸的延续，也是烹饪史上科学用火的一个突破。炸，一次加热成菜；烹，先炸后烹，两次加热成菜。

烹饪古籍有翔实的记录：周代"八珍"中的"炮豚"，证明已有炸制技法。此后经历了春秋战国、秦、汉、三国、晋等朝代，到了宋代才出现烹。此后又经历了齐、隋、唐、辽、金、元、明等朝代，到了清代初期，《随园食单》才有了"烹"的记载："经码味、油炸、烹汁的工序"。到了清代末期，烹，终于发展成为独立的烹饪技法。

从此，对于"烹"来说，"炸"只是一种预制手段，而不是最终目的。对烹的技法定义，《中国烹调技法集成》说得很清楚："将加工的小型原料稍加腌渍，直接拍粉或挂浆糊，放入多量油锅中炸制后，回到另一旺火热油锅中，烹入预先调成的调味清汁用高温加热，原料迅速收味汁，成为香气浓郁的菜肴。这种方法叫'烹'。"

烹白肉、烹鸡腿、烹虾段、烹虾仁、烹带鱼、烹仔鸡、烹辣椒，都是比较知名又常见的烹制菜肴。在不同地区，还有各具特

39 逢烹必炸

色的烹制佳肴：黑龙江的炸烹狗肉，北京的煎烹鱼片，河南的烹汁八块，山东的醋烹对虾，山西的醋烹土豆丝……

这些菜肴的名称，虽然都写在烹制技法名下，可细心看一看，想一想，又能从菜名中找到它们之间的区别："烹狗肉"前面是"炸"，"烹鱼片"前面是"煎"，"烹对虾"前面是"醋"。这就说明，烹制技法还可以细分：

1. 炸烹。原料腌渍、码味，上一层薄浆或糊，炸制后烹汁成菜。

2. 清烹。新鲜细嫩的块、段、条等小型原料，直接炸制，然后烹汁。

3. 煎烹。原料经煎或半煎后，烹汁成菜。

4. 醋烹。以醋为主要调味品，故名。

运用不同烹制技法，临灶操作时，有一个同样的关键环节：掌握好火候。特别是进入烹汁阶段，为了"掌握好火候"，烹饪操作，必须快速！

下面举个菜例加以说明："煎烹鱼片"这道烹制菜肴，在鱼片煎好之后，要立即投入锅中，以最快的速度烹汁。当锅内冒出大量热气时，要迅速提锅颠翻，使原料松动移位，吸收味汁。当大部分味汁被吸收时，锅内留有少量味汁，尽快离火出锅。

这里主要介绍了"煎烹鱼片"的细节："以最快的速度烹汁""要迅速提锅颠翻""尽快离火出锅"。这些细节，都是强调"出手要快"。对此，中国烹饪大师冯志伟先生对笔者有特别的叮嘱，他说："就这么写，没错。因为从烹汁到出锅一般是在20秒以内，手头稍慢，原料在锅内停留时间长，味汁全部耗干，就会严重影响菜肴品质、品相,发干变老,味道也不好。"

烹制菜肴的风味质感,与清炸菜肴有些相似,但认真品评一番,就会发现它们的区别:一是烹制菜肴既有清炸外脆里嫩的特色,又吸收了味汁,比清炸菜肴更柔嫩;二是烹制和清炸的菜肴,都以咸鲜味为主,清炸是炸前调味和炸后补味,而烹制的味汁深入原料内部,比清炸味厚醇香;三是烹制菜肴的味型多,而炸制菜肴的味型少。这是由烹汁决定的。烹带鱼用的糖醋汁,有盐、料酒、酱油、白糖、米醋、姜末,还有切细的辣椒丝,加上少许汤汁调制,烹后酸甜适度,干香微辣,风味独特。

进行烹饪火候探究,一来二去,会有一种感觉,名师大厨

"逢烹必炸",是指动物性原料。植物性原料逢烹则不必炸

39 逢烹必炸

们利用火候的技法,很有点像作家们的"文无定法"。文章先写什么,后写什么,此事、彼事如何安排,开头、结尾、过渡、承接、详略如何,都属于结构,都应遵守一定的规律,即"文有定法"。但是,每篇文章的结构并不都是一个模式,这就是古人讲的"文无定法"。"作文"与"烹饪",在"有定法"和"无定法"上,极为相似。本已说好了的"逢烹必炸""先炸后烹",可在预制手段上,有些地区又以煎或煸炒代替炸,然后烹汁成菜。于是,烹制技法又有了清烹、煎烹……

这样一来,烹制菜肴的火候也就不能"千篇一律"了。例如:"先炸后烹",炸必须是旺火;"先煎后烹",煎则不能用旺火,必须控制在中火和小火之间。

还必须指出的是,"逢烹必炸",是指鸡、鸭、鱼、肉等动物性原料,植物性原料逢烹则不必炸。植物性原料直接下锅煸炒,原料将熟时,烹以味汁成菜。醋烹洋白菜、焦油烹掐菜等菜肴,虽然都是"逢烹"制成,却都不用"必炸"。这也如同"文无定法"呢!

40

看看火候

40 看看火候

"去,看看火候怎么样?"说这句话的,是厨房里的师傅。他在忙别的事,或者是有意让徒弟勤看火候,能快点练出"看火候"的本事。

目前,烹饪火候还没有一个统一的标准,对火候大小强弱,各地厨师的叫法也不尽一致。比如,旺火,在不同的地方,也称武火、大火、冲火、爆火、急火、猛火、满火、烈火。

但是,有一点是肯定的:即使不看火焰的或大、或中、或小、或微,只是观察油锅里的油,看看油烟情况,看看油的运动情况,也就对火候心中有数了。

整个油锅在冒青烟,油面翻滚。这时的油温在230℃以上,是大沸油。这种火候,一般用于炸制菜肴。

油锅里的青烟较多,油面由翻滚转向平静。这时的油温在180℃~220℃,是沸油,也称旺油。这种火候,一般用于爆制菜肴。

油锅里微有青烟,油面翻动。这时的油温在110℃~170℃,是热油。这种火候,一般用于烧制菜肴。

油锅里不见青烟,油面也平静,这时的油温在70℃~100℃,是温油。这种火候,一般用于煨制菜肴。

从职业厨师到家庭主妇,都离不开这样的"看火候"。看准火候,原料才能下锅。

接下来,还要继续"看火候"——观察原料颜色和形状的变化。

　　猪、牛、羊、鸡、鸭、鱼，这些肉类原料，在加热过程中，会发生一系列变化。比如，油温或水温较高，肉内蛋白质分子激烈运动，互相碰撞，就破坏了紧密的结构，使原来有秩序的卷曲，变成了无秩序的松散伸展。通过这些变化"看火候"，人们就能总结出很多掌控和利用火候的经验。比如，"牛肉老韧，勿用烈火"。牛肉纤维组织粗糙，由一条条长链构成，长链上又带有许多互相缠绕的支链，非常坚固、老韧。如果投入大沸油里煸炒，牛肉在高温中快速收缩，会变得更加

油锅冒青烟，油面翻滚，是230℃以上的大沸油

40 看看火候

老韧难嚼。经验证明，炒出来的牛肉不老，最适宜的火候是油温150℃。利用这个火候炒牛肉之前，在牛肉片里加点强碱弱酸盐的小苏打，有助于将牛肉纤维组织中的长链变得松散，减弱韧性。这样一来，既能缩短煸炒的时间，牛肉又鲜嫩爽口。

与肉类原料相比，蔬菜类原料主要是从颜色上"看火候"。叶菜类、茎菜类、根菜类、果菜类、花菜类和食用菌类，几乎都在受热过程中出现颜色变化，从而向人们提供掌控火候的信息。

菠菜加热后，色泽还应该是碧绿的，火候宜强不宜弱，炒制宜快不宜慢，制汤宜氽不宜煮。

"锅烧蚕豆"这道菜，要求色泽黄里透绿，要边炸边看。第一次炸至淡黄色捞出，第二次炸至金黄色捞出，成菜才有"黄里透绿"的效果。

炸油条，通过油温看准火候，翻条时用力轻而匀，油条坯才能受热均匀，避免出现"半边脸"——一面焦，一面白。

很多时候，人们都是能过"看看火候"，判定制品是否成熟。

月饼在烤炉里，成熟程度怎样，既不能用温度计检测，又不便亲口品尝，而目测色泽，是一个"看看火候"的好方法：饼面呈金黄或橙黄色，四周圆边呈乳黄色，黄中泛白，底黄不焦，油润而有光泽，表明月饼已经成熟。如果月饼的饼坯壁呈青色或微绿色，那就表明，月饼皮还没有松发，月饼内部更不可能成熟——火候不到。

看看火候，不仅是原料下锅前后的事，在菜肴出锅之后，仍需看看火候。刚出锅的菜肴，形态饱满光亮，但放置时间延长，就会色形俱变：流淌的油脂与原料脱离，失去了光泽；随着温度下降，原先受热膨胀的饱满状态慢慢瘪缩；芡汁也因淀粉老化而浓稠度下降，菜肴泻汁，直接影响品质感观。因此，出于火候的考虑，刚出锅的菜肴不宜放入冰冷的器皿，装入器皿的菜肴应及时上桌，上桌的菜肴应有保温措施，不宜马上降温。

厨师善于用眼睛观察油温、水温和原料的各种变化，及时调节温度和加热时间，才能准确运用火候，烹制出风味各异的可口菜肴。

41

火候，也能听出来

烹饪火候
PENGRENHUOHOU

火候,对于临灶的厨师来说,真是太重要了。他们在认识和利用火候上,使出浑身解数,"眼观六路,耳听八方"。有的甚至可以用听觉辨火候——火候,也能听出来。

在一次烹饪比赛中,有位选手的自选菜是"酥炸排骨"。排骨已沾好番薯粉,油锅已点火加温,什么火候下料呢?他说"听声吧!"

他嘴上说着,手勺在油锅里不停地推动着。也就说话工夫,手勺动处,响声入耳,他不容置疑地将排骨投入油锅。

后来,笔者在一本烹饪工具书上也看到了"听火候"的窍门:"油温达到180℃~220℃的沸油,用手勺推动有响声。而油温在70℃~100℃的温油、油温在230℃以上的大沸油,无论手勺在油锅里怎样推动,都不会发出响声。"原来,那位选手的"酥炸排骨",可以说是"听声音辨火候"的"实操课"。

爆制菜肴,操作时也有声音。声音来自高温的油锅。原料水分遇上沸油,来不及汽化,就会有声音爆出。

在爆制菜肴中,油爆的操作程序最多:先焯后炸再炒。这三道工序的火力,要冲要旺:焯要开水,炸要沸油,炒要旺火。因此,油爆被称为"三旺三热"的"抢火菜"。厨师在焯、炸、回锅炒的连续性动作上,必须快速,甚至能令旁观者有目不暇接的感觉。拿"油爆双脆"来说,肚尖和鸭肫嚼起来爽脆有声,鲜嫩异常,就是因为"抢火候":从下锅到装盘,全过程不能超过

41 火候，也能听出来

1分钟，最后的调味在10秒钟以内，根本没有时间对各种调味料"乱点兵"，必须快速倒入事先调好的"碗芡汁"。

"碗芡汁"，顾名思义，就是装入碗里的芡汁。正是这"碗芡汁"，还能把火候制造的响声带到客人的餐桌上。这类菜肴的代表作，被誉为"天下第一菜"——锅巴肉片。

因为是"天下第一菜"，名声足够显赫，所以也就版本多多：

传说之一，乾隆皇帝第一次下江南时，在无锡的一家小饭店用餐。店家把家常锅巴炸酥，再用精选的虾仁、熟鸡丝、鸡汤熬制成汤汁。送上餐桌时，将汤汁浇在锅巴上，顿时发出一声巨响："哗——"乾隆皇帝被这响声吓了一跳，问："这叫什么菜？"厨师回答："春雷惊龙！"受此一惊的乾隆，迎着扑鼻而来的香味，用筷子夹来一尝，又香又酥，鲜美异常，便称赞道：

听觉也能辨火候

"此菜可称天下第一。"从此,最早称为"春雷惊龙"的"锅巴肉片",有了"天下第一菜"的美誉。

传说之二,早年的四川成都昭觉寺日食稻米千斤,厨僧造饭时,潜心加工锅巴,以锅巴制成的菜肴,渐成斋堂名菜。后来,重庆缙云寺创办汉藏教理院时,厨僧创制的缙云盐茶锅巴,成为闻名一时的天府小吃之一。再后来,川菜厨师广泛利用锅巴,创制出锅巴鱿鱼、锅巴海参、锅巴鸡片、锅巴鱼片等多种"妙趣横生、名而不贵"的菜肴。其中,最为著名的是"锅巴肉片":将烹制好的芡汁肉片倒入金黄色的锅巴上,"哗——"一声巨响,火候发威,热气蒸腾,浓香弥漫。席间有人兴奋地高呼:"这是天下第一菜!"

还有一种传说,清代之初,黄河泛滥,为了庆贺黄河河道上的一个大堤建成,款待前来祝贺的京城工部大臣,当地请来名厨高手,并表示对好的创新菜给予重赏。一位名厨以锅巴为主料,炸酥装盘后,与制好的肉片芡汁同时上桌,芡汁浇到锅巴上,爆发出震耳声响:"哗——"盘中五颜六色,香雾升腾。工部大臣从没见过这道菜,从没听过这声音。厨师随机应变,告知:"平地一声雷,庆贺大堤建成!"这有声有色的美味佳肴,颇受称道:"平地一声雷,天下第一菜。"

传说种种,不一而足。虽然"天下第一菜"之"原创",还有待探究,但"听声音""重火候"的菜肴仍在不断地发展着。

四川就有一种"响铃菜":以抄手(馄饨)代替锅巴,热油炸过,一个个抄手,形如一只小巧精美的铃铛,浇汁时发出悦耳的响声,故称"响铃菜"。

听了那火候制造的响声,"老外"笑称"音乐菜"。

42

嗅觉·触觉·火候

烹饪火候
PENGRENHUOHOU

人们都说"美味飘香"。这"香",往深处说,是来自火候。在最初使用火候的远古时代,什么调味品也没有,烤熟就吃,越吃越香。如今,烤制食品仍被人们尊为"天下第一味",还是因为香。

香,是一种气味。气和味,总是联系在一起。气,是一个载体;味,是气的一种附着物。气飘到哪儿,味就跟到哪儿。气味,有气就有味。人们嗅觉所感觉到的,就是由空气传播来的各种各样的味,所以也就叫作"气味"。人们感觉某种食物的味道很香,便称之为"香味"。

冷菜,在入口之后的细细咀嚼中,才能领略其香,它的香味很内敛,不像热菜的香气那么张扬。

调味专家的实验表明,冷菜的香气因其内敛而持久,耐回味;热菜的香气因其张扬,香味越浓,存在的时间越短。人们从嗅到气味到产生感觉,只需0.2~0.3秒的时间。嗅觉比其他感觉器官更敏感。

热菜的香味,与菜肴的火候有很大关系。火候越大,菜肴越热,菜肴香分子运动的速度越快,人们闻到的香气就越浓。

火候关乎香气,香气关乎嗅觉,人们嗅觉关乎对菜肴质量的评价。所以,有经验的厨师总是主张把热菜快速送上餐桌。

为了说明香气的诱惑,人们经常提到传统名菜"佛跳墙"

42 嗅觉·触觉·火候

的故事：

唐代有个高僧，来到福州传经，夜宿寺庙，与一家饭馆为邻。那家饭馆的厨师，厨艺高超，菜肴的香味顺风飘到庙里。开始时，这个高僧还能忍住，可后来实在忍不住了，就从墙上跳了过去，对厨师说："把你作的菜给我尝尝吧，实在受不了啦！"

厨师满足了高僧的要求，让他一饱口福。

当厨师把这个故事讲给主人时，主人哈哈大笑，说："这个'佛跳墙'的故事有意思！"

厨师听后，更是哈哈大笑，说："老爷，你把这个菜名给起出来了啊！就叫'佛跳墙'啊！佛都忍不住了，咱们凡人还能忍住吗？"

从此诞生了"佛跳墙"这道名菜，一直位居闽菜之首，香飘至今。

"佛跳墙"这个菜名与众不同，看不出菜肴原料，看不出烹饪技法，也看不出滋味如何，只是源于那个高僧的"闻香而动"。

闻，是指用鼻子嗅。人的嗅觉，是挥发性物质刺激鼻腔嗅觉神经而在中枢神经中引起的一种感觉。

通过嗅觉，人们能闻出菜肴的气味。这或香或酸或辣或其他什么气味，一般都会受到火候的影响。不同的菜肴，对火候的要求也不一样。专家指出，一般来说，菜肴的最佳火候为，热菜60℃~65℃、冷菜10℃左右。

为了让客人的触觉感受到菜肴的最佳火候，很多饭店采取相应的措施，留住"火候"：

刚出锅的热菜，不能放入冰冷的餐具里。

烹饪火候
PENGRENHUOHOU

自助餐的菜肴，应装入保温的器皿里，不论客人先来还是后到，都能吃到同样的火候。

餐厅的环境温度，应控制在22℃~24℃，防止温度陡然变化，影响热菜和冷菜的滋味、色泽、形态。

客人就座，先是冷菜上桌。冷菜将要吃完时，热菜逐个上桌，保证每道菜肴都在最佳食用火候的范围之内，才能尽显各道菜肴的风味特色。

菜肴进入口腔之后，通过接触和咀嚼，触觉器官就能给人提供对菜肴质地的感受。不同的原料，有着不同的质地。同一种原料，又能制作出不同质地的菜肴。

不错，火候菜，吃得就是这个"火候"

42 嗅觉·触觉·火候

厨师在拿不准火候的时候，也会提取正在制作中的菜肴样品，放入口中，"尝尝火候"，然后决定接下来怎样使用火候：停火？离火？加火？

在烹饪比赛现场，传菜员为什么要快步将选手的作品和"尝碟"送到评判室？因为评判人员不仅要"尝滋味"，还要"尝火候"。

人们越吃越讲究，也就有了"吃火候"的说法，尝到了"触觉感受火候"的"甜头"：

虾仁锅巴。油炸后的锅巴，浇上滚烫的汤汁，立即食用，酥脆香美。

香酥鱼片。鱼片挂糊炸熟，拌椒盐，随即食用，外脆里嫩，口感富有层次和变化。

鸳鸯火锅。水一滚，就开涮，即涮即食，人气与火候齐旺。

如此这般，餐桌上的东道主，常对客人说这样的话："来，尝尝这家的火候怎么样？尝尝这道菜的火候怎么样？"

火候，似乎代表了菜肴的全部：生与熟、苦与甜、咸与淡、软与硬、老与嫩、脆与韧、粘与爽……

● 后记

　　《烹饪火候》的写作，开始于2008年1月，用了1年时间。而此前出版的《烹饪刀工》，用了3年时间（2004年11月—2007年7月）；《烹饪技法》用了5年时间（2003年8月—2008年8月）。相比之下，《烹饪火候》属于"急火速成"。

　　在"急火速成"的过程中，我也很在意"不到火候不揭锅"。初稿写成之后，采取三种方式为本书的质量把关：一是通过缩写发表，征求读者意见；二是手持文稿，与名厨大师们面对面地讨论；三是通过电子邮件征求文友们的意见。反馈回来的"说咸道淡""咬文嚼字"，使我更清晰地看到了当今烹饪行业读书人的期待：

　　期待烹饪图书的含金量高一点。强化食品安全，丰富食品营养，提高烹饪技艺，要求烹饪图书突破"图片、原料、做菜步骤"的模式，多一些技术性、实用性、可读性、资料性，能够引起阅读兴趣，能够具有收藏价值。

　　期待烹饪图书的文化意识强一点。落实科学发展观，构建和谐社会，促进烹饪文化大发展，要求烹饪图书更好地承担起传

后记

授技艺、传播文化、传承文明的社会责任，多一点文化意识，能够出版既好又多的烹饪畅销书、常销书。期待烹饪图书价格低一点、稳一点。一本烹饪图书，文字寥寥，图片多多，拓宽天地和边距，再就是精装版、豪华版，外表富丽堂皇，价格贵得吓人，令读者顿生敬畏之心，而无亲近之意。应改变这种状况，让烹饪图书有更高的"点击率"，有更多的"回头客"……

面对种种期待，让我越发感到，书是有尊严的。要写好一本书，是以看过好多本书为基础的。在科普创作领域，有"看百样书，写千字文"的经验之谈。

正因为这样，为了本书的写作，我注重研读和参考烹饪技术方面的书籍、报刊，收集烹饪火候的民间谚语，也留意文学作品涉及烹饪火候的文字，感受烹饪火候的内涵和外延，开阔写作思路，提高写作质量。

人们常用"火候"表达那份焦急："这件事可得抓紧办了，这都什么火候了？"

人们常用"火候"代表"时机"："这个时候，你怎么能说这样的话，你也不看看是什么火候？"

人们常用"火候"代表某种技能的高低、修养的深浅："他的书法到火候了。"

著名学者易中天在"品读中国书系之四"《闲话中国人》里，还把"做人"与"火候"联系起来："在中国，做人切不可'夹生'。因为'生'并不要紧。火到猪头烂，'生的'总可以慢慢变成'熟的'。'夹生'就不好办了。再煮吧，煮不熟；不煮吧，又吃不得。算什么东西呢？"

著名作家贾平凹屡次入围茅盾文学奖,又都抱憾而归,2008年终于凭长篇小说《秦腔》荣获该奖。他在获奖后说:"我几十年里每有作品出来都争议不断,很感谢这些争议,如果都在说你爱听的话,那温水煮了青蛙,我就写不下去了。"这里的"温水""煮",都关乎火候。

古今中外名人关于烹饪火候的精辟论述,黎民百姓口头相传的烹饪火候谚语,我都尽可能地写入本书之中,便于读者熟记于心,应用于烹饪实践。本书能有助于读者提高掌控和利用火候的技术,有益于食品安全、食品营养和美味佳肴的制作,我就觉得做了一件有益的事了。

写完本书的最后一页,已是2008年的年终岁尾。新的一年即将开始,"厨行天下书系"的写作也还将继续。为了给烹饪火候的探究抛砖引玉,我对本书文稿的修改告一段落。欢迎读者朋友批评指正,以便再版时修改得更接近于恰当的"火候"。

单守庆

2008年12月29日